초3

성적보다
중요한 것이 있습니다

자기 주도형 아이를 만드는 초등 저학년 교육 비법

초3

성적보다 중요한 것이 있습니다

나카네 가쓰아키 지음 | 최미혜 옮김

애플북스

프롤로그

초등 첫 3년을 놓치지 마세요

저는 '언어의 숲'이라는 글쓰기 교실을 운영하고 있습니다. 처음에는 요코하마시의 한 모퉁이에서 조그맣게 시작했습니다. 그러다 이사 등으로 교실에 나오지 못하는 학생들이 통신 교육을 희망하면서 그들을 지도하는 동안 인터넷을 이용한 글쓰기 통신 교육도 시작하게 되었습니다.

현재는 교육을 받는 학생을 중심으로, 전체 1천 명에 가까운 학생들에게 주 1회 수업을 하는 글쓰기 전문 교실로 성장했습니다.

대학을 졸업하고 바로 글쓰기 교실을 시작했기 때문에 실제로 약 40년 동안, 본격적으로 독립하고 나서는 약 35년 동안,

유치원 7세 반 아이부터 사회인 수강생까지 1만 2천여 학생들을 대상으로 작문 교육을 진행해 왔습니다.

왜 하필 글쓰기였을까요? 정답이 있는 수학 같은 과목은 혼자서도 충분히 공부할 수 있지만 글쓰기는 제삼자가 없으면 자기 평가를 제대로 할 수 없기 때문입니다. 그 점에 보람을 느꼈습니다. 글쓰기 교육을 하면서 창조성과 사고력 교육으로 이어지는 새로운 교육의 가능성도 발견할 수 있었습니다.

그러나 안타깝게도 부모님들의 관심은 창조성이나 사고력처럼 막연한 것이 아니라 눈에 보이는 성적일 때가 많습니다. 특히 초등학교 1학년부터 3학년에 걸친 시기는 공부 자체가 기본적인 내용을 다루기 때문에 공부하면 누구나 성적이 오릅니다. 그러면 도리어 다른 아이와 비교하며 더 어려운 걸 시키려고 합니다. 이때 아이가 잘하지 못하면 충격을 받는 일이 잦아집니다.

하지만 이 시기에는 적당히 공부하는 것으로 충분합니다. 다소 뒤떨어지는 일이 있더라도 성장하면서 머지않아 자연스럽게 잘할 수 있기 때문입니다. 학년이 올라가고 모두가 비슷하게 공부하는 시기가 되면 오히려 크게 차이가 나는 부분은 창조성과 사고력입니다. 이것이야말로 정말로 필요한 학력(學力)입니다.

창조성과 사고력이라는 학력을 기르는 건 눈에 보이는 공부보다도 독서, 부모와의 대화, 자유로운 놀이, 자주적인 생활 등 흔히 가정생활 속에서 이루어집니다.

독서 이야기를 중심으로, 지금까지 제가 아이들을 가르치면서 알게 된, 아이들의 성장에서 가장 중요하다고 생각하는 것들을 이 책에 담았습니다. 가능한 한 구체적으로, 내일부터 당장 실행에 옮길 수 있는 형태로 전하려고 합니다.

이 책에 담긴 내용을 실행한다면 수고나 비용을 들이지 않고도 아이에게 진정한 학력과 문화력을 길러 주고 아이와 즐겁게 소통해 나갈 수 있습니다. 그리고 그런 아이가 많아질수록 좀 더 나은 세상이 되겠지요.

페이스북 친구들, 언어의 숲 아이들의 부모님, 강사분들, 그리고 가족을 통해서 나 혼자였다면 깨닫지 못했을 많은 것을 배웠습니다. 이 자리를 빌려 감사의 말씀을 드립니다.

초등 1~3학년은 대단히 중요한 시기

3년간 읽은 책이 평생 학습을 좌우한다

뒷심을 발휘하는 초등 첫 3년간의 공부법

충분히 놀아야 나중에 공부한다

공부머리 있는 아이로 키우기

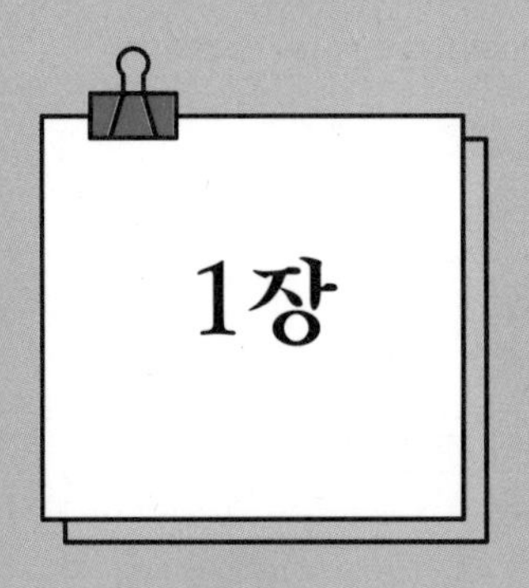
1장

초등 1~3학년은 대단히 중요한 시기

초등 첫 3년간은 눈부신 황금기

놀라울 정도로 성장하는 8~10세

초등학교 첫 3년간은 무엇이든 스펀지처럼 흡수하는 시기입니다. 주변에서 보고 들은 것들을 모방하며 흡수합니다. 아이들 주변에는 따라 하고 싶은 동경의 대상이 펼쳐져 있기 때문입니다. 동시에 그 후의 초등학교 생활과 중·고교 생활의 기본이 되는 선로를 구축하는 시기이기도 합니다. 이제부터 그 선로 위로 다양한 화물을 실은 열차가 달려갑니다.

유치원과 어린이집 시절에는 '우리 아이가 초등학교에 들어가서도 제대로 잘할 수 있을까?' 하고 많은 부모님이 걱정합니다.

지금 생활하는 모습을 봐서는 책상 앞에 앉아서 공부하고 시간표대로 움직이는 모습이 도저히 상상이 가지 않는다는 분들이 대부분이지요.

하지만 유치원을 졸업하는 2월까지만 해도 아직 어린아이였는데 초등학교에 들어가면 겉모습도 초등학생다워지고 표정도 사뭇 달라집니다. 부모님의 걱정을 뒤로하고 아이들 모두가 어엿한 초등학생이 되어 갑니다.

머리도, 몸도, 마음도, 성장이 뚜렷해지고 할 수 있는 일이 부쩍부쩍 늘어납니다. 초등학교 1학년부터 3학년까지, 8세부터 10세까지의 3년간은 아이가 현격히 성장해 가는 시기입니다.

글쓰기 교실에서도 초등학교 1학년 때는 '에'와 '예'를 구별하지 못하는 아이도 꽤 많습니다. 문장이 끝나면 마침표를 붙인다든지, 대화문에는 큰따옴표를 쓴다든지 하는 걸 여러 번 설명해도 대부분은 좀처럼 좋아지지 않습니다. 이해하기 어려워하기 때문에 가르치는 쪽에서도 막막해질 때가 있습니다.

하지만 그렇게 힘들어하던 것도 초등학교 3학년이 될 즈음에는 누구나 수월하게 배웁니다. 그건 가르쳐서 하게 된다기보다 성장함에 따라 자연스럽게 하게 되는 것이라고 생각합니다.

긴 학교생활의 출발점

초등학교의 첫 3년은 초등학교 6년과 그 후의 중·고교 6년, 대학교로 이어지는 긴 학교생활의 출발점입니다.

이 첫 3년은 그 후의 학교생활과는 다른 특징이 있습니다. 우선 시간이 충분히 있고, 아이의 생활에 여유가 있으며, 학교생활의 기초가 형성되는 시기라는 점입니다. 이 시기에는 방과 후에도 여유가 있습니다. 특별활동이나 학생자치회 활동이 시작되는 건 4학년 무렵부터고, 늦게까지 수업이 있는 날도 없습니다. 학교에서 여러 가지 활동을 하면 귀가 시간이 늦어지지만 3학년까지는 방과 후에 충분한 시간이 있다는 것이 아이의 생활 전반에 여유를 가져다줍니다.

초등학교 3학년까지는 학교 공부 자체도 아직 본격적이지 않습니다. 남들만큼 하면 누구나 학습 내용을 이해할 수 있다는 여유가 있습니다. 1~2학년 때는 과목 수도 많지 않습니다. 국어와 수학도 기본적인 내용만 공부합니다.

하지만 4학년부터 점점 본격적인 공부가 시작됩니다. 공부에 격차가 생기면서 좌절하는 아이도 생겨납니다.

국어와 수학을 비롯한 다른 과목도 추상적인 사고가 필요해지고, 사용하는 어휘가 어려워지며, 설명 한 번으로는 이해하기 힘든 내용이 늘어납니다.

이에 비해 3학년까지는 대부분 이해할 수 있는 내용이어서 뛰어넘기 힘든 벽이 될 만한 내용은 어디에도 없고 학교 수업을 포함해서 모든 면에서 여유가 있습니다.

아이 모두가 자유롭고 구김살 없이 학교생활을 보낼 수 있는, 가장 아이다운 행복에 찬 시기입니다.

'뭐라도 시켜야 해' 하며 초조해하지 않기

방과 후 긴 시간을 뭔가로 채우려 하는가

초등 첫 3년간은 시간과 여유가 충분히 있지만 그런 탓에 오히려 막연히 조바심을 느끼는 부모님이 많습니다.

> '이렇게 여유가 있을 때 아무것도 안 시켜도 괜찮을까?'
> '마냥 놀게 뒀다가 나중에 후회하는 건 아닐까…?'

이런 생각이 스멀스멀 올라옵니다. 옆집 엄마에게 "○○는 영어를 배운대", "수학 학원에 다니는 ○○는 벌써 내년도 선행 학습까지 하고 있대" 같은 말을 들으면, 머릿속이 복잡해지면서 마음이 불안해집니다. 특히 공부 면에서 그렇습니다.

'학교 공부만으로는 부족하다는데….'
'이대로 학교에 맡겨 둬도 되는 걸까?'
'집에서 좀 더 공부를 시켜야 할까?'

저걸 하지 않으면 저게 늦는 게 아닐까 걱정하고, 이걸 하지 않으면 이게 늦는 게 아닐까 불안해하면서, 이런 차이가 나중에 크게 영향을 미치리라 생각합니다. 그래서 학원에 보내거나 온라인 교육을 하고, 영어를 가르치는 등 이것저것 아이에게 가르칠 것들을 고민합니다.

이 시기의 아이는 순수해서 부모님이 시키는 대로 말을 잘 듣습니다. 아이에게 부모님은 전지전능한 존재여서 아이들 대부분은 부모님이 하라는 대로 순순히 따릅니다. 그렇기에 자칫 지나치게 학습을 시키는 경우도 생깁니다.

마음껏 놀고 조금만 공부해라

'열심히 공부하고 마음껏 놀아라'라는 말이 있습니다. 공부하는 것도 노는 것도 모두 중요하지만 부모님은 대부분 '열심히 공부한다'에 방점을 찍습니다. 그러나 사실은 '마음껏 노는' 것이 중요합니다. 특히 초등 첫 3년 동안은 놀이와 공부의 비율이 '마음껏 놀고 조금 공부하는' 정도가 아주 좋습니다.

초등 1학년부터 3학년까지는 공부하면 누구나 따라갈 수 있게 구성되어 있습니다. 어려운 문제는 별로 없습니다. 이 시기에 어려운 문제라는 건, 문제 자체가 아니라 문제로 제시한 문장이 어려워 문제를 읽어 내기가 힘든 경우를 말합니다. 그런 어려운 문제는 학년이 올라가고 읽는 힘이 길러지면 자연히 해결됩니다. 굳이 그런 어려운 문제에 따로 시간을 들일 필요는 없습니다.

또 이 시기에는 선행학습도 그다지 필요하지 않습니다. 학교 공부보다 앞선 내용을 배우는 건 물론 나쁜 일이 아닙니다. 그러나 다른 아이들보다 먼저 진도를 나갔다고 해도, 학년이 올라가고 다른 아이들도 그 학년의 공부를 하게 되면 어느 틈에 격차가 줄어드는 일이 많습니다. 공부는 그 학년의 이해도에 맞춰 커리큘럼이 짜여 있기 때문입니다. 1학년생이라면 5시간 걸려야 겨우 이해할 수 있는 내용이, 5학년이라면 1시간에 이해할 수 있는 경우가 많습니다. 그렇다면 1학년 때 쏟은 긴 시간은 결국 밀도가 낮은 시간이었다는 의미가 됩니다. 공부는 지금 학년에서 학습하는 것을 확실하게 알고 있으면 문제없습니다.

공부 습관이 붙으면 걱정 없다

이 시기에 지나치게 공부를 시키면 아이가 공부를 힘든 일로 여겨 오히려 학습 능률이 떨어지기도 합니다. 이 시기의 공부는 내용 습득보다는 공부를 대하는 자세에 초점을 맞추는 것이 중요합니다. 건강을 위해 소식을 하듯 머리가 가득 차서 포화 상태가 되지 않게 조금 덜 공부하는 편이 좋습니다.

머리가 비어서 달그락거리는 소리가 날 정도라면 그것도 곤란하지만 지나치게 밀어 넣어 가득 차 있는 것도 문제입니다. 그보다는 빈틈이 있는 편이 좋습니다. 억지로 밀어 넣으면 반드시 소화 불량이 생기기 때문입니다. 이때 소화 불량이란 공부를 질질 끌며 지루하게 하는 것을 말합니다.

공부는 단번에 집중해서 끝내고 그다음엔 마음껏 노는 것이 현명한 시간 사용법입니다.

많은 부모님이 '빨리 공부해라', '좀 더 공부해라' 하는 말을 입에 달고 삽니다. '빨리'와 '좀 더'를 사용해 끊임없이 재촉하고 싶어 합니다. 앞으로는 "빨리 끝나서 좋겠구나", "이제 공부가 끝났으니 마음껏 놀아"라는 말로 바꿔 나가면 어떨까요? 아이가 놀란 얼굴로 기뻐하는 모습을 볼 수 있을 것입니다.

이 시기에는 본격적으로 공부를 한다기보다 가정에서 공부 습관을 기르는 것이 첫 번째 목표입니다. 긴 시간은 필요하지

"빨리 끝나서
좋겠구나."
"좀 더 공부해."

않습니다. 짧은 시간에, 스스로 알아서 매일 하는 습관을 길러 줍니다. 이런 학습 습관만 몸에 밴다면 고학년이 되어 마음먹고 공부할 때 학력은 빠르게 향상됩니다.

좋아하는 일에 열중하게 하라

학교 수업이 끝나면 여유롭게

학교가 끝나고 집에 오면 어느 정도 자유롭게 놀 수 있게 합니다. 초등학교에 갓 입학했을 무렵엔 학교생활이 편하다고 해도 학교인 이상 몸과 마음이 지치게 마련입니다. 오전에는 4교시까지 연속으로 수업이 있고 오후에도 수업이 있는 날이 있습니다.

학교에서 아이가 자유롭게 놀 수 있는 건 쉬는 시간뿐입니다. 그 외에는 시간표대로 종소리에 따라 움직이며 다 같이 행동합니다. 어른이 생각하는 이상으로 아이는 긴장하며 학교생활을 합니다.

아이 중에는 하루에 두 가지 이상 뭔가를 배우는 아이도 있습니다. 글쓰기 교실에 오기 전에 보습학원에 가거나, 글쓰기 교실이 끝나면 수영을 배우러 가기도 합니다.

학교에 다니면서 더불어 할 일이 더 있다면 스스로 자유롭게 쓸 수 있는 시간이 부족합니다.

1회당 배우는 시간이 짧다고 해도, 그 뒤에 다른 할 일이 기다리고 있다는 것 자체가 아이에게는 긴장감을 유발하는 법입니다. 그중에는 숙제나 연습이 필요한 것도 있겠지요.

배움은 분명 좋은 자극이 되고 일상에 긍정적인 리듬을 불러오는 면이 있습니다.

다만, 지나치게 밀어붙이면 아이는 어떤 걸 배우더라도 조금씩 대충하게 됩니다. 결과적으로 그런 학습 자세가 몸에 배어서 오히려 길게 보면 마이너스가 되기도 합니다.

부모님은 아이의 모습을 세심하게 살피고 시간 배분에 여유를 가질 수 있도록 관리해야 합니다.

공상을 즐기게 한다

자유로운 시간, 여유로운 시간이 중요한 건 그 시간 속에서 아이가 좋아하는 일에 열중해 창조성을 키우기 때문입니다. 좋아하는 일이라면 어떤 것이라도 상관없습니다.

어떤 일을 시작하면 시간이 흐르는 것도 잊고 싫증 날 때까지 집중하는 것이 아이의 특성입니다. 아이들 대부분은 종이와 연필이 있으면 좋아하는 그림을 그리기 시작합니다. 그리고 그 그림을 그리는 데 열중합니다. 아이에게는 소재와 시간만 있으면 됩니다.

아이는 어른이 생각하는 것보다 훨씬 상상력이 풍부해 종이나 돌멩이, 조개껍질 같은 소재가 있으면 그것들을 조합해서 여러 가지 놀이를 생각해 냅니다.

어른이 일부러 놀이 도구를 준비하지 않아도 자유롭게 놀이를 창조해 갑니다.

또 그저 바깥에서 친구와 있기만 해도 아이는 뭔가에 열중합니다. 아이에게는 주위에 있는 모든 것이 놀이의 대상입니다. 좁다란 공터가 있으면 그곳이 대평원이 되고, 아이스크림 막대기를 주인공 삼아 대모험을 시작할 수도 있습니다. 작은 풀숲이 있으면 그곳이 곧 정글이 됩니다. 돌멩이가 거대한 공룡이 되어 나타날지도 모릅니다.

이런 상상 놀이에 열중해 있을 때면 아이는 시간 가는 줄 모릅니다.

나중에 기억에 남는 건 이 시기에 주입해 넣은 지식이 아니라 열중해서 놀던 시간입니다.

📖 성공한 사람들의 어린 시절

세상에 이름을 드높인 사람, 기업가나 예술가의 어린 시절 이야기를 들어 보면 대부분이 마음껏 뛰어놀던 어린 시절을 보냈습니다. 장난이 상당했던 사람도 많은 것 같습니다.

소행성 탐사기 '하야부사'가 세계 최초로 소행성 '이토카와'로부터 지표 샘플을 가지고 돌아왔다는 뉴스를 접한 적이 있을 텐데요.

이토카와라는 이름은 이토카와 히데오(糸川英夫) 박사의 이름을 따서 붙여졌습니다. 이토카와 박사는 태평양 전쟁 당시에는 육군 전투기 하야부사의 개발 설계에 관여했고 전후에는 일본에서 최초로 로켓을 만들어 로켓 개발의 기초를 다진 사람입니다.

이토카와 박사는 어린 시절에 쇠고둥의 조가비에 납을 채워 쇠팽이를 만드는 데 빠져 있었습니다. 부모님께 들키면 만들지 못하게 할 것 같아서 몰래 쇠팽이 만들기에 열중했습니다. 부모님이 모두 잠든 밤에, 살며시 화로 안에 숯을 가득 넣고 그 안에 도가니(내열 용기)를 넣어 납을 녹입니다.

가게에서 사 온 쇠팽이를 무겁게 하면 좀 더 강해질 것이라는 가설을 세운 후 납을 녹여 쇠팽이에 가득 채운 것입니다.

그렇게 만든 쇠팽이를 가지고 이웃 마을까지 팽이치기를 하러 다녔습니다. 말하자면 박사의 어린 시절은 쇠팽이의 기술 혁신을 하느라 밤에 잠잘 시간도 없을 만큼 바쁜 시간을 보낸 셈입니다.

이런 자유로운, 언뜻 보기에 아무 도움도 되지 않을 것 같은 놀이가 아이를 성장시킵니다.

노트에 낙서하듯이, 하지 않아도 될 일을 하고야 마는 것이 아이라는 존재입니다. 그리고 실은 그것이 대단히 중요합니다.

언뜻 보기에 쓸데없어 보이는 일에 열중하고 있을 때 아이는 집중력과 지속력, 자주성과 사고력을 키웁니다. 말하자면 장래에 큰 재목이 되기 위해 한창 땅속에 깊이 뿌리를 내리고 있는 것입니다.

과정을 무시한 채 눈에 보이는 결과만 중시한다면 땅속에 뿌리를 내리기보다 꽃을 피우는 일에 아이의 에너지를 쏟게 하는 일로 이어집니다.

아이에게는 자유로운 시간이 필요합니다. 부모님이 아이에게 다양한 경험을 하게 하려는 건 아이의 재능을 발견해서 키워 주려는 생각 때문인데, 공부를 시키는 것 이상으로 틀에 박히지 않은 자유로운 놀이를 즐기게 할 때 아이의 재능이 무럭무럭 자랍니다.

이 시기에 꼭 필요하고 충분히 시켜야 하는 것

독서는 최고의 '놀이'이자 '공부'

초등학교에 들어가고 처음 3년 동안은 여유롭게 지내도 좋은 시기입니다. 초조해하며 열심히 공부시킬 필요는 없습니다. 오히려 자유롭게 노는 시간을 최우선으로 해야 할 때입니다.

다만, 자유로운 시간 속에서 단 하나 시켜야 할 것이 바로 '독서'입니다.

독서의 중요성은 지금까지 많은 곳에서 강조되어 왔습니다. '아침 10분 독서'를 실시하는 한 중학교의 조사에 따르면, 학생의 학력은 가정에서 독서하는 습관이 있는지 없는지와 높은 상관관계가 있다는 결과가 나왔습니다. 즉, 가정에서 책을 읽는 아이일수록 학교 성적이 좋다는 것입니다. 그리고 독서는 학력뿐만 아니라 보다 폭넓은 인간관계와도 깊은 상관이 있습니다.

독서야말로 이 시기에 정말로 시켜야 하는 '공부'입니다.

일반적으로 책을 읽는 건 공부라고 여기지 않습니다. 초등학교에 독서 시간은 있지만 독서를 위한 시험이 있는 건 아닙니다. 읽은 책으로 성적을 매길 수 있는 것도 아닙니다. 그러나 책을 읽는 것이야말로 진정한 공부입니다.

책을 읽는 건 즐거운 일입니다. 독서를 좋아하는 아이에게는 이만큼 빠져들 수 있고 마음 설레게 하는 일이 없습니다. 그런 면에서 보면 독서는 최고의 '놀이'라고도 할 수 있습니다. 동시에 학력을 키운다는 의미에서 보자면 독서만큼 '공부'가 되는 건 또 없습니다.

국어력은 학력의 기본

학력의 기본은 국어력입니다. 국어력이란 바꾸어 말하면 국어를 잘 구사하는 힘을 말합니다. 학교에서는 전 과목 교과서가 국어로 쓰여 있습니다. 국어를 정확히 읽고 이해하는 것이 공부의 기본입니다. 그리고 국어를 사용해서 깊이 생각할 수 있는지 어떤지가 사고력의 핵심입니다.

계산 능력을 기본으로 하는 수학도 예외가 아닙니다. 물론 저학년 때는 계산 방법을 알면 풀 수 있는 문제가 주를 이룹니다. 그러나 학년이 올라갈수록 계산력 자체보다도, 어떤 계산이 필요한지를 읽어 내는 힘이 중요해집니다.

특히 읽는 힘과 관계가 깊은 교과가 자연과 사회입니다. 교과서에 나와 있는 내용을 이해하는 것이 그대로 교과 공부로 이어지기 때문에 교과서를 독서할 요량으로 읽다 보면 자연히 성적이 올라갑니다.

저도 중학교 2학년 때 점심시간마다 책을 읽듯 역사 교과서를 읽었는데, 시험에서 혼자만 만점을 받은 일이 있습니다. 그때는 별로 공부하지 않았기 때문에 교과서 독서가 고스란히 공부를 대신한 것입니다.

초등학교 저학년 때는 읽는 힘이 있는 아이와 없는 아이의 차이가 그다지 뚜렷하지 않습니다. 왜냐하면 읽는 대상 자체가 아직은 쉽기 때문입니다.

그러나 고학년이 되어 교과서 내용이 어려워지고 생각할 거리가 늘어나면, 읽는 힘이 있는 아이와 없는 아이의 차이는 점차 뚜렷해집니다.

종종 어릴 때 공부를 잘하던 아이가 학년이 올라가면서 점차 성적이 부진해지는 일이 있습니다. 반대로, 어릴 때는 책만 읽고 공부는 별로 하지 않던 아이가 학년이 올라가면서 부쩍부쩍 성적이 오르는 경우가 있습니다. 읽는 힘이, 학년이 올라갈수록 공부의 흡수력에서 차이를 불러오기 때문입니다.

📖 읽다 보면 신체 감각처럼 국어력이 몸에 밴다

국어를 읽어 내는 힘, 이른바 국어력은 '국어 공부'만으로는 길러지지 않습니다.

한자 쓰기를 하거나, 어려운 어휘의 의미를 외우고, 독해 문제를 풀어도 표면적인 것에 지나지 않습니다. 물론 이것들도 중요하지만 이런 공부만으로 국어를 깊이 읽어 내는 힘은 생기지 않습니다.

국어력은 많은 문장을 읽고 수없이 반복해서 국어를 접하는 과정에서 조금씩 몸에 배어 갑니다. 그것은 지식적인 공부라기보다 일종의 신체적 감각같이, 익숙해짐에 따라 몸에 배는 공부입니다.

어느 교육 사이트 투고란에 초등학교 3학년 아이의 어머니가 쓴 상담 글이 올라와 있었습니다. '아이가 한자와 지시어, 숙어와 속담, 관용구 등 국어 대부분을 못해서 고민이다'라고 했습니다. 문제집을 여러 번 반복해서 풀게 하는데 성과가 나지 않는다고 합니다. 아마도 그 아이는 평소 그런 식으로 국어 공부를 했을 것입니다. 물론 학습적인 국어 지식이 있으면 좋지만, 시간을 들여 주입할 필요는 없습니다. 초등학교 때는 성적을 올리기 위한 문제풀이식 공부는 그다지 필요하지 않습니다. 설령 지식을 주입하려고 해도 애초에 읽는 힘이 없으면, 국어 성적은 올라가지 않습니다.

제가 운영하는 글쓰기 교실인 언어의 숲에서는 '쓰기' 과제뿐만 아니라 '읽기' 과제도 함께 내줍니다. 매일 10페이지 이상 책을 읽을 것, 교재의 문장을 소리 내어 읽을 것 등입니다.

먼저 '읽기'라는 인풋(input)이 없으면 '쓰기'라는 아웃풋(output)도 충분히 발휘될 수 없기 때문입니다.

이 시기의 공부는 독서가 전부다

책을 좋아하는 아이는 양육하기 편하다

이 시기의 공부는 그 자체가 독서라고 생각하면 됩니다. 아이가 열중하는 것에 독서가 하나 더 더해진다면 이보다 좋은 일은 없습니다.

방과 후 여유 있는 시간에 좋아하는 책을 마음껏 읽습니다. 책을 읽는다는 건 하나의 세계로 빠져드는 것이고 독서는 아이에게 자신만의 세계를 펼쳐 줍니다. 이런 만족감은 다른 곳에서는 별로 찾을 수 없습니다.

책의 세계에 빠져 있으면 아이는 조용히 집중합니다. 또 책을 좋아하는 아이는 어디에 가더라도 책을 들고 다니기 때문에 오랫동안 차를 타야 할 때도 지루해하지 않습니다.

이 시기 공부의 기본은 독서뿐이기 때문에, 부모님도 무엇을 얼마나 공부시킬까 하는 문제로 고민할 필요가 없습니다.

아이에게 '문제 10개 푸는 것'과 '책 10페이지 읽는 것' 중에서 어느 한쪽을 선택하게 하면 문제의 종류에 따라 조금 다르겠지만, 아이들 대부분은 독서를 선택합니다. 그편이 훨씬 재미있기 때문입니다.

그리고 문제를 푸는 것과 책을 읽는 것 중에서 어느 쪽이 진정한 힘을 길러 주느냐 하면 이 역시 독서가 답입니다.

하루 종일 책만 읽고 다른 건 전혀 하지 않는다고 하면 그것도 그것대로 문제지만, 시간이 날 때마다 손에 책을 들고 읽는다면 일단 아이의 공부에 관해서는 걱정할 필요가 없습니다.

교육비가 월 5만 원이라면 도서비도 그만큼

뭔가를 배우거나 보습학원에 다닌다면 매월 일정 금액의 비용이 발생합니다. 이것을 교육의 필요 경비라고 생각한다면 비슷한 금액을 매월 도서 비용으로 사용하면 좋습니다. 초등학교 저학년 시기의 교육비 예산은 이 도서 비용을 책정하는 것으로 충분합니다.

가족과 함께 나들이하러 가면 5만 원 정도는 쉽게 사라져 버리는 금액입니다. 그러나 5만 원으로 책을 다섯 권 산다면 아이가 한동안 즐겁게 읽을 수 있습니다. 그런 의미에서라도 책은 상당히 이득이 되는 쇼핑입니다.

처음부터 도서 비용을 책정해 두지 않고 필요할 때마다 구입하기로 하면 아무래도 책을 살 때 '아깝다'는 생각이 듭니다. 하지만 미리 예산으로 책정해 두면 그 범위 안에서 주저 없이 사 줄 수 있습니다.

예산 이상으로 많은 책을 읽고 싶어 하면 헌책방과 인터넷 서점의 중고책을 사거나 도서관을 이용하고, 책을 좋아하는 친구와 서로 바꿔 보면서 독서 생활을 충실하게 가꾸어 나갈 수도 있습니다.

인터넷 서점의 중고책 중에는 우수한 추천 도서가 저렴한 가격에 판매될 때도 많습니다. 구입 가격에 따라 배송료를 부담해야 할 수도 있지만요.

최고의 교육은 가정에서 이뤄진다

학교에서 하는 아침 독서는 덤 같은 것

학교에서 아침마다 '10분 독서'를 실시하는 곳이 많습니다. 초등학생의 경우, 매일 10분간의 독서로 전체적으로 학력이 향상되었다는 조사 결과도 나와 있습니다.

그러나 학교에서 독서 지도를 하니까 집에서는 하지 않아도 될까요? 그렇게 생각하는 부모님들이 있습니다.

"지금 무슨 책을 읽고 있니?" 물으면 "책은 학교에 두고 다녀요"라고 태연하게 대답하는 아이도 있습니다. 독서는 학교에서 하는 것이지 집에서 하는 것이 아니라고 생각합니다.

학교에서 독서 시간이 확보되어 있는 건 주로 초등학생 때뿐입니다. 독서는 학교에서 하는 것이라고 생각하면 중학생이 되어 학교에서 독서 지도를 하지 않게 됐을 때 그때부터는 바로 책을 읽지 않는 아이가 되어 버립니다.

독서는 가정에서 하는 것입니다. 학교에서 하는 독서는 보충에 지나지 않으며 가정에서 하는 독서의 플러스알파 정도로 생각해야 합니다.

독서를 하다 보면 언젠가는 먹고 자는 걸 잊을 정도로 읽고 싶어지는 책이 반드시 나옵니다. 이렇듯 먹고 자는 걸 잊을 정도의 독서는 가정이 아니면 물론 불가능합니다.

"이제 그만 읽고 자렴."
"조금만 더 읽을게요. 지금 딱 재밌는 장면이거든요."
"늦잠 자면 어쩌려고. 아침밥도 못 먹을 거 아니니?"
"안 먹어도 되니까 읽게 해 주세요."

이것이 먹고 자는 걸 잊은 독서입니다. 이런 독서가 가능한 건 가정에서뿐입니다.

문제집보다 효과적인 대화법

아이들은 깨어 있는 시간 대부분을 '국어적'으로 살고 있습니다. 즉, 국어로 느끼고 생각하면서 살고 있습니다.

그 방대한 국어의 숲에서 생활하는 시간 속에서, 독서를 하듯 충실하게 자녀와 대화함으로써 더욱더 국어력이 향상되어 갑니다. 아이는 제일 먼저 부모님에게 말을 배웁니다. 지적인 대화를 하는 가정에서는 아이도 당연히 지성적으로 자라납니다.

아이와 대화할 때 다음과 같이 의식적으로 표현을 바꾸어 보세요.

◇ 조금 어려운 어휘도 넣는다.

◇ 짧은 문장이 아니라 긴 문장으로 말한다.

◇ 단문보다 중문이나 복문으로 말한다.

◇ "○○야, 저거 집어 줘"라고 하지 말고 "○○야, 텔레비전 옆에 있는 상자 좀 집어 줘", "○○야, 지난주에 슈퍼에서 사 온 텔레비전 옆에 있는 파란 상자 좀 집어 줘"와 같이 표현합니다.

이것은 바로 실천할 수 있는 일이기 때문에 더없이 간단합니다. 게다가 생활 속에서 필요해서 하는 말이기 때문에 아이도

정확하게 그 내용을 알아들으려고 합니다.

핵심은 짧은 문장을 여러 개 말하는 것이 아니라 하나의 문장을 길게 말하는 것입니다. 이것만으로도 문제집 풀기보다 훨씬 효과 있는 국어 공부가 됩니다.

📖 인터넷을 통해 집에서 좋은 선생님을 만날 수 있다

아이에게는 가정이야말로 가장 좋은 교육의 장(場)입니다. 앞으로는 점점 가정 학습이 중요한 시대가 찾아옵니다.

학교에서 같은 선생님이 똑같이 가르쳐도 아이들의 학력에는 점차 차이가 생겨납니다. 그것은 선생님의 연구가 부족해서도, 아이의 노력이 모자라서도 아닙니다. 가정에서 자연스럽게 익히는 아이의 어휘력에 차이가 있기 때문입니다.

어휘력의 차이는 이해력과 사고력의 차이로 나타납니다. 부모님은 아이의 학력에 불안을 느끼면 일단 좋은 학교나 좋은 선생님, 좋은 교재를 찾으려고만 합니다. 물론 그것들도 중요하지만 가장 중요한 건 가정에서 뛰어난 이해력을 기르는 것입니다.

지금까지는 선생님도, 교재도, 함께 공부하는 또래 집단도 학교나 학원이라는 장소에 가지 않으면 보다 우수한 교육의 기회를 만날 수 없었습니다.

그러나 앞으로는 인터넷 환경이 발달해 좋은 선생님도, 좋은 교재도, 좋은 또래 집단도 가정에서 만날 수 있습니다.

게다가 가정에서가 아니면 할 수 없는 학습 형태가 있습니다. 바로 '자기 주도 학습'이라는 공부법입니다. 아이들이 저마다 스스로 고른 교재로 자신의 속도에 맞춰 공부하거나, 독서를 하고, 잠시 쉬기도 하는 공부법은 가정이 아니면 익힐 수 없습니다.

에도시대(1603~1867년)의 서당[寺子屋]은 아이가 아침 일찍부터 오후까지 가정 같은 분위기에서 즐겁게 자기 주도 학습을 하는 장이었습니다. 앞으로는 가정이 현대의 서당 같은 역할을

하는 장이 될 것입니다. 학교는 가정 학습의 성과를 가지고 모
여서 교류하는 곳이 될 것입니다.

2장

3년간 읽은 책이 평생 학습을 좌우한다

책을 읽기만 해도 국어를 잘하게 되는 이유

아는 한자와 어휘가 풍부해진다

독서에는 국어에 필요한 요소가 대부분 포함되어 있습니다. 문자와 한자어, 문법과 어휘가 모두 담겨 있습니다.

책을 많이 읽는 아이는 두말할 필요도 없이 '올바른 국어 사용법'을 잘 알고 있습니다. 책을 읽으면서 한자어도 자주 접하기 때문에, 쓰는 법을 배울 때도 남보다 쉽게 익힐 수 있습니다. 어휘의 종류도, 표현도 풍부해집니다. 그러므로 국어 성적을 올리기 위해 특별한 공부는 필요하지 않습니다.

독서를 좋아할 뿐 공부를 전혀 하지 않는데도 국어 성적은 자신 있다는 아이들이 있습니다.

책을 많이 읽는 아이는 살아 있는 말에 익숙합니다. 실감 나게 사용할 수 있는 어휘가 풍부합니다. 그 풍부한 어휘가 세상을 읽어 내는 힘이 됩니다.

'무지개 같은 일곱 빛깔'이라는 표현을 익힌 아이에게는 무지개가 일곱 빛깔로 보입니다. '해님같이 다정한 엄마'라는 표현을 익힌 아이에게는 엄마가 해님같이 보입니다.

'괴수같이 강한 아빠'라는 표현을 익힌 아이에게는 아빠가 괴수처럼 보일지도 모릅니다.

일곱 빛깔로 빛나는 무지개가 걸린 파란 하늘 아래서 해님 같은 엄마가 환하게 미소 짓고, 그 옆에서 괴수 같은 아빠가 불을 뿜고 있습니다. 이렇듯 읽는 힘이 있는 아이는 세상을 다채롭게 바라봅니다.

한마디로, 국어력(國語力)은 세상을 풍성하게 읽어 내는 언어의 힘입니다.

📖 4학년 이후에 발휘되는 '생각하는 힘'

학교나 지역이 다른 초등학교 저 · 중학년 아이들이 모이면 때때로 그 안에서 서로 자랑이 오가기도 합니다.

"이런 한자, 난 벌써 알아."
"그럼 이거 계산할 수 있어?"

저 · 중학년 때의 아이들은 이런 순진하고 아이다운 대화를 자주 합니다. 학원에서 선행학습을 하거나 새로운 지식을 얻으면 그게 자랑거리가 됩니다.

학교 공부와 집에서 독서밖에 하지 않는 아이는 위와 같은 대화에 끼어들 수 없습니다. 그저 말없이 듣고 있을 뿐입니다.

그러나 학년이 올라가면 상황이 달라집니다. 지식 중심의 공부에서 사고 중심의 공부로 옮겨 가면서 아이들은 점차 그런 단순한 자랑은 하지 않게 됩니다. 지식의 차이는 그다지 의미 있는 차이가 아니라는 걸 자연스럽게 알기 때문입니다.

역으로 선행학습으로 얻은 지식이 많은 아이보다 독서로 풍부한 어휘를 익힌 아이가 사고하는 학습에서 더 우수해집니다.

책을 많이 읽는 아이는 어휘 하나하나뿐만 아니라, 다양한 어휘로 구축된 사고의 틀도 풍부하게 지니고 있습니다. 그래서 새로운 내용을 배울 때 이해가 빨라집니다. 또 책을 많이 읽는 아이는 읽는 속도가 남다릅니다.

현재의 국어 입시 문제는 많은 양의 문장을 읽어야 하는 문제가 많습니다. 시간 안에 빨리 읽어 낼 수 있는 아이는 그만큼 무리 없이 지문을 읽고 문제를 풀 수 있습니다.

책을 많이 읽는데 국어 점수가 나빠요

물론 책을 많이 읽고 국어력이 있는데도 국어 점수가 좋지 않은 아이도 있습니다. 왜냐하면 시험은 '얼마만큼 깊이 읽어 낼 수 있는가'가 아니라 '얼마만큼 정확하게 읽어 낼 수 있는가'를 평가하기 때문입니다.

국어 입시 문제는 쓰여 있는 것을 '있다'고 읽어 낼 뿐 아니라, 쓰여 있지 않은 것을 '없다'고 읽어 내는 힘을 평가하는 문제입니다. 이런 문제를 풀 때 필요한 것이 소거법(消去法)입니다.

독해 문제 선택지에 전래동화《흥부 놀부》의 내용이 나온 경우를 예로 들어 볼게요. "옛날 어느 마을에 형제가 살았어. 동생 흥부는 마음씨도 착하고 부지런한데 형 놀부는 세상에 둘도 없는 심술꾸러기에 욕심쟁이야"라고 나온 경우 문제문의 보기 문장에 '동생 놀부'라는 단어가 있다면 이 선택지는 ×가 됩니다. 한편, '형 놀부는 남을 골리기 좋아합니다'라는 선택지는 ○가 됩니다. '심술'이라는 단어에 '남을 골리기 좋아하다'라는 뜻이 있기 때문입니다.

국어력이 있는 아이는 시험 문제를 문제문의 문장 속에서 생각하는 것이 아니라, 자신의 경험을 통해 직감적으로 생각해 버리는 일이 있어 점수를 얻지 못할 때가 있습니다. 이때 이론적으로 따져서 푸는 국어 문제 풀이 방법을 천천히 설명해 주면 불과 몇 시간의 설명으로 다음 시험부터 국어 성적이 급상승하는 경우가 많습니다.

대학 입시 준비가 중반에 다다른 고교 3학년 여름방학인데도 대학입시 문제로 연습한 결과, 그때까지 평균 60점밖에 안 되던 학생이 한 번의 설명으로 갑자기 만점 가까운 점수를 받은 사례도 드물지 않습니다.

책 읽기로 진정한 국어력이 키워지면 그다음은 문제를 푸는 방법만 알면 국어 성적은 금세 올라갑니다.

초등 저학년 때는 아직 읽어 주기가 통한다

읽어 주기는 '귀로 하는 독서'

아이가 초등학교에 들어가자마자 "이제 초등학생이니까 책은 혼자서 읽어야지" 하며 자립시키려고 하는 부모님이 많습니다.

부모님은 아이가 어서 빨리 스스로 읽을 수 있게 되기를 바랍니다. 언제까지나 부모님이 읽어 주면 스스로 읽지 않을 거라고 걱정하기 때문입니다.

그러나 절대 그렇지 않습니다. 스스로 읽는 독서는 눈으로 들어오는 독서고, 부모님이 읽어 주는 독서는 귀로 들어오는 독서입니다. 귀로 들어오는 어휘가 늘어나면 늘어날수록 눈으로 들어오는 어휘의 이해도 깊어집니다.

책 읽기의 본질은 어휘를 실감 나게 읽는 데 있습니다. 읽어 주기로 어휘가 가진 실감을 키워 주기 때문에 아이가 스스로 읽을 때도 실제로 체험하듯 실감 나게 읽을 수 있습니다. 글자만 나열된 어휘는 그것만으로는 재미없는 기호와 같습니다. 부모님이 책을 읽어 줄 때 접하는 어휘는, 읽는 리듬 속에 살아 있는 인간의 이해력과 감정이 실려 있어서 아이의 이해력과 감정을 성장시킵니다.

읽어 주기를 하면 할수록 스스로 읽는 힘도 생기는 법입니다.

초등학교 저학년 시기는 읽어 주기에서 스스로 읽기로 전환되는 이행기입니다. 과도기인 만큼 아이가 원한다면 충분히 계속 읽어 주는 것이 중요합니다.

아이는 부모님이 읽어 주는 책의 내용을 들으면서 부모님과 친밀한 소통 나누기를 즐깁니다. 혼자서 읽을 수 있어도 부모님이 읽어 주는 데는 또 다른 기쁨이 있습니다.

나중에 돌아보면, 읽어 주기가 필요한 시기는 불과 얼마 되지 않습니다. 아이가 자라고 나면 다시 할 수 없는 것이 읽어 주기입니다. 이 사실을 마음에 새겨 즐거운 마음으로 읽어 주기를 계속해 나가면 좋습니다. 시간이 흐르면 분명 그리운 추억이 될 테니까요.

📖 자녀와 함께하는 소중한 읽어 주기 시간

조금 거창하게 인류의 역사를 살펴보면 읽어 주기가 행해지기 시작한 건 근대 이후의 일입니다. 그때까지는 책을 손에 넣기도 힘들었을뿐더러 밤중에 전등을 켤 수도 없었습니다.

전등이 발명되기 전에 읽어 주기 대용으로 행해진 것이 전해 내려오는 옛날이야기 들려주기였습니다. 부모님은 매일 밤 아이를 재우면서《흥부 놀부》,《호랑이와 곶감》 같은 이야기를 들려주었습니다. 이야기를 들려주다 보면 대개 부모님이 먼저 지루해져서 잠이 들어 버렸지요.

똑같은 이야기를 아이는 매일 밤 싫증도 내지 않고 들었습니

다. "흥부 놀부는 아는 얘기니까 다른 이야기를 해 주세요" 같은 말은 하지 않았지요. 옛이야기는 들을 때마다 아이에게 새로운 느낌을 줍니다.

현대의 읽어 주기도 기본은 같습니다. 아이는 부모님과 소통하고 책과 소통하는 것을 즐깁니다. 텔레비전에서 새로운 프로그램을 보듯 매번 새로운 이야기를 기대하지는 않습니다. 그러니 같은 책을 여러 번 읽으려는 아이가 있는 건 오히려 자연스럽습니다. 새로운 책을 읽는 재미도 물론 있지만 부모님이 같은 책을 여러 번 읽어 주면 마음이 편안해지기도 합니다.

같은 책을 반복해서 읽으면 아이가 책 속의 문장을 외워 버리기도 합니다. 그 정도로 여러 번 읽어서 친숙해진 어휘는 아이 안에서 실감 나게 자라납니다.

'혼자 읽기' 힘들다면 우선 한 페이지부터

한 글자씩 더듬거리며 읽으면 즐겁지 않다

책에는 사람을 끌어당기는 힘이 있습니다. 부모님이 읽어 주기를 해 주면 아이는 머지않아 혼자서 그다음을 이어서 읽고 싶다는 생각을 합니다. 즐겁게 읽어 주기를 계속해 나가면 부모님이 재촉하지 않아도 자연스럽게 책을 읽고 싶어 합니다.

독서도, 공부도, 부모님의 생각대로 이끌어서 급하게 시키려 하지 말아야 합니다. 어디까지나 아이가 자신의 의지로 하고 싶어 할 때까지 기다려야 합니다. 그 상황은 야생동물에게 먹이를 주고 점점 가까이 다가오기를 기다리는 느낌과 비슷할지도 모릅니다.

아이가 스스로 책을 읽게 되는 것도, 매일 책을 읽으면서 책을 좋아하게 되는 것도, 느긋한 마음으로 기다려 주는 것이 좋습니다.

이 시기에는 아직 자신 있게 글자를 읽지 못하는 아이도 있습니다. 학교에서 글자를 배워서 읽고 쓰기를 할 수 있게 되었어도, 글자를 읽기가 힘이 들지는 않은지, 글자를 읽고 바로 상황을 떠올릴 수 있는지 하는 건 단지 글자를 읽을 수 있다는 것과는 또 다른 이야기입니다.

한 글자 한 글자를 짚어 가며 읽는 상태로는 읽는 즐거움을 맛보기가 어렵습니다. 그런 상태에서 무리해서 읽게 하면 곧잘 싫증을 냅니다.

읽는 힘이 생기기 전까지는 읽기가 즐겁지 않은 법입니다.

읽기를 좋아하게 되면 스스로 읽게 되니까 자연히 읽는 힘이 생긴다고 생각하기 쉽습니다. 그러나 사실은 읽는 힘이 생기기 때문에 읽게 되는 것이고, 읽기를 좋아하게 되는 구조입니다. 즉, '좋아하는 것'이 '힘'으로 발전하는 것이 아니라 '힘'에서 '좋아하는 것'으로 발전합니다.

📖 한 페이지만 아이가 읽고 그다음부터는 읽어 준다

읽는 힘은 읽는 데 익숙해지면 자연히 생겨납니다. 아직 읽는 힘이 없는 아이에게는 쉬운 그림책이라도 "이 책을 전부 읽어 보렴" 하는 것은 상당히 부담스러운 일입니다. 그래서 "○페이지까지 혼자 읽으면 이어서 읽어 줄게" 하고 말합니다. 처음에는 한 페이지여도 괜찮습니다. 익숙해졌다 싶으면 조금씩 늘려 봅니다.

"이 페이지는 엄마가 읽을 테니 다음 페이지는 네가 읽어 줄래?" 하며 함께 읽어 나가는 것도 게임 같아서 아이가 쉽게 따라옵니다.

아이가 소리 내어 읽는 걸 들어 보면 어느 정도 읽는 힘이 생

졌는지 알 수 있습니다. 한 글자씩 짚어 가며 읽거나, 더듬거리며 읽거나, 잘못 읽는 글자가 많으면, 아직 읽는 힘이 부족하므로 무리하게 읽기를 시키지 말아야 합니다.

그러나 그럴 때도 절대로 잘못 읽었다고 주의를 주지 말고 "잘 읽는구나" 하고 칭찬해 줍니다. 핵심은 먼저 칭찬해 주고 서두르지 않으며 계속하는 것입니다. 짧은 시간이라도 매일 읽다 보면 어느 순간부터 읽는 힘이 급격히 향상됩니다.

도무지 스스로 책을 읽지 않는다는 초등학교 1학년 남자아이가 있었습니다. 그 어머니에게도 똑같은 조언을 드렸습니다. 아이가 혼자서 한 페이지를 읽으면 어머니가 이어서 그다음을 읽어 주는 작전입니다.

실행한 지 2개월, 어떻게 달라졌을까요? 처음에는 마지못해 읽었지만 어느 순간 갑자기 가속이 붙어서 어머니가 읽어 주기 전에 "《호랑이와 팥죽할머니》 한 권 다 읽었어요!"라고 하는 지경에 이르렀다고 합니다.

"아이란, 정말이지 성장할 때는 단번에 성장하는군요" 하고 놀랐던 기억이 있습니다.

쉽고 재밌는 책으로 시작한다

초등 저학년 때는 만화책도 괜찮아요

부모님이 아이에게 적당하겠다고 생각하며 고르는 책은 대체로 너무 어렵습니다. 또 부모님이 좋은 책이라고 생각하는 책 대부분은 아이에게 재미없기 일쑤입니다.

내용은 좋지만 너무나도 교훈적이어서 일반적으로 아이는 그런 책에 그다지 집중하지 않습니다. 또 저학년이 읽기에 진정한 독서의 맛을 알기 어려운 책도 있습니다.

나중에 아이가 자라서 어려운 책을 읽거나 양서를 읽는 건 물론 중요합니다. 그러나 초등학교 저학년 때는 무엇보다 책 읽기의 즐거움을 맛보고, 독서량을 늘리는 것을 첫 번째 목표로 삼으면 좋습니다.

책 읽기를 생활화하는 시기인 1학년 때는 만화도 괜찮습니다. 요즘 만화는 사용하는 어휘나 정보가 그림책보다 수준이 높을 때가 많기 때문입니다.

어느 정도 매끄럽게 글자를 읽을 수 있는 아이에게는《어떡하지?》같은 아이들의 첫 도전을 응원하거나 재미있는 책을 추천합니다.

아이들이 좋아하는 책에는 다소 유치한 부분도 있지만 그런 점이 오히려 아이들에게 인기가 있습니다.

책을 선택하는 기준은 먼저 아이가 즐겁게 읽을 수 있는가입니다. 한편으로 아무래도 고전 명작 책을 읽히고 싶은 게 부모님 마음인데요, 이때는 읽어 주기를 해 주면 좋습니다.

책에는 아이를 끌어당기는 힘이 있어서 아이가 관심이 가는 분야라면 자연히 중간부터 혼자서 이어 읽으려고 합니다.

지금 하고 있는 독서를 그대로 인정해 주면서 조금씩 폭을 넓혀서 어려운 책을 함께 읽히는 것이 좋지만, 가장 중요한 점은 어디까지나 지금 읽고 있는 독서를 인정해 주는 것입니다.

책을 어떻게 골라야 할까?

일반적으로 스테디셀러가 된 책은 대부분 재미있는 책입니다. 아이는 자기 감정에 솔직해서 재미없는 책은 읽으려고 하지 않습니다.

독서감상문 대회의 대상 도서로 선정되었거나 뭔가로 상을 받은 책도 좋은 책으로 보증된 셈입니다. 이런 객관적인 기준은 제법 믿을 만합니다.

인터넷 서점의 리뷰도 참고하면 좋습니다. 아동 도서는 부모님이 리뷰를 쓰는 경우가 많은데 '푹 빠져서 읽었다', '우리 아이에게는 아직 빠른 것 같다' 등 아이의 솔직한 반응도 실려 있어 도움이 됩니다.

언어의 숲에서도 페이스북에 '독서를 좋아하는 아이가 되는 뜰'이라는 교류의 장을 만들어 참가자가 서로 좋은 책을 소개해 주고 있습니다.

다양한 책 중 범위를 좁혀서 스스로 선택하게 한다

실제로 서점이나 도서관에서 책을 선택할 때 "좋아하는 책을 고르면 돼"라고 해도 책을 읽는 데 익숙한 아이가 아니라면 어디서부터 어떻게 골라야 할지 몰라 망설입니다.

그럴 때는 시리즈로 된 책이 진열된 서가를 찾아서 "이 중에서 좋아하는 책을 골라 볼까?" 하는 식으로 범위를 좁혀 주면 선택하기 쉬워집니다.

도서관에서는 아이가 흥미를 느낄 만한 장르, 예를 들면 동물 이야기나 요리 이야기, 스포츠 이야기 등 아이가 읽고 싶어할 것 같은 서가를 권해 줍니다. 또 무서운 이야기나 기분 나쁜 이야기는 아이들 대부분이 큰 관심을 가지지만, 정말로 아이가 읽고 싶은 책이라고는 할 수 없습니다. 아이는 원래 밝은 것, 즐거운 것을 좋아하는 법입니다. 감수성이 풍부한 아이에게는 이런 이야기가 오히려 마이너스가 되기도 합니다.

중요한 건 이야기 속에 휴머니즘이 흐르고 있는가, 하는 것입니다. 가능하면 밝은 것, 인간성이 느껴지는 것, 읽은 후에 마음이 상쾌해지는 책을 선택합니다.

서점이나 도서관에서 아이가 책을 고를 때 부모님도 대강 책을 훑어보며 내용을 확인해 보면 좋습니다. 아이는 표지나 제목만 보고 책을 선택할 때가 많은데요, 아이의 읽는 힘에 적합한 내용인지 간단하게나마 살펴볼 필요가 있습니다. 초등학생용 시리즈로 나온 책 중에도 어려운 어휘에 설명이 달려 있는 것과 없는 것이 있습니다. 아이들의 눈높이에 맞는 어휘로 이루어져 있는지도 확인합니다.

다양한 책을 읽는 사이에 이 저자의 책은 계속해서 읽고 싶다든가, 이 시리즈는 전부 읽고 싶다든가 하는 취향에 맞는 책이 생겨납니다. 이렇게 되면 독서 습관은 거의 자리 잡았다고 할 수 있습니다.

다양한 책을 많이, 같은 책을 여러 번

한 권을 닳을 정도로 읽는다면 대성공

책을 읽는 방법에는 다독(多讀)과 정독(精讀)이 있습니다. 읽는 데 익숙해진다거나, 읽는 속도를 붙이고, 독서의 즐거움을 맛보게 한다는 점에서는 많은 책을 읽는 다독이 효과적입니다.

그러나 국어력을 높이고 사고력을 키우며 수준 높은 어휘력을 기른다는 점에서는 반복해서 읽는 정독이 중요합니다. 독서력이 있는 아이는 새로운 책을 한 번만 읽는 것이 아니라, 좋아하는 책을 여러 번 반복해서 읽습니다. 부모님 중에는 '같은 책만 읽지 않고 좀 더 다양하게 읽었으면 좋겠다'는 분도 있지만 굳이 그럴 필요는 없습니다.

책을 별로 읽지 않는 아이일수록 '한 번 읽었으니까 됐어' 하고 같은 책을 두 번, 세 번 반복해서 읽으려고 하지 않습니다. 영어학자이자 평론가이기도 한 와타나베 쇼이치(渡部昇一)는 어릴 때 친구가 책을 한 번씩밖에 읽지 않는다는 걸 알고 무척 놀랐던 경험담을 밝힌 적이 있습니다. 와타나베는 어릴 때 읽은 쇼넨고단(少年講談)이라는 전집에서 좋아하는 건 열 번, 스무 번을 읽고 《삼국지 이야기》 같은 책은 책장을 넘기는 부분이 닳아서 해질 정도로 읽었다고 합니다.

독서를 좋아하는 아이는 같은 책을 여러 번 반복해서 읽고 세부적인 묘사까지 되풀이해서 읽는 일이 많습니다. 넓이뿐만 아니라 깊이도 따르는 독서를 하는 것이지요.

자신이 좋아하는 책을 읽는 동안에 내용이 머릿속에 들어올 뿐만 아니라, 사물의 인식법이나 사고방식도 형성됩니다.

끝까지 빠르게, 전부 읽는 힘은 입시에도 필수

흔히 '차분하게 시간을 들여 천천히 읽는 것'을 정독이라고 생각합니다. 하지만 시간이 걸리는 독서가 아니라, 오히려 어느 정도 속도로 끝까지 다 읽고, 다시 여러 번 되풀이해서 읽는 방법입니다.

책이라는 건 끝까지 읽어야 비로소 전체상이 머리에 그려집니다. 끝까지 다 읽어야 중간에 이해하기 어려웠던 부분도 알게 됩니다. 처음부터 꼼꼼하게 읽느라 좀처럼 끝까지 읽지 못한다면 오히려 그 책의 전체상을 파악하지 못합니다.

먼저 끝까지 읽고, 그런 다음 필요에 따라 반복해서 읽는 방법이 좋습니다. 바로 '독서백편의자현(讀書百遍義自見, 아무리 어려운 글이라도 여러 번 되풀이하여 읽으면 자연히 뜻을 알게 된다-옮긴이)'이라는 읽기법이지요.

이것은 국어의 문장형 문제를 풀 때도 마찬가지입니다. 특히 입시 문제의 문장을 보면 첫 부분을 이해하기 어려운데, 끝까지 읽어야 비로소 전체 내용을 알 수 있는 구조가 많습니다.

읽기에 익숙하지 않은 아이는 이 첫 부분을 이해하려고 지나치게 시간을 들이다가 정해진 시간 안에 문제를 다 풀지 못할 때가 많습니다.

아이에게는 먼저 다양한 분야의 책을 읽을 기회를 줘야 합니다. 그러다 보면 아이가 반복해서 읽는 책이 반드시 나옵니다. 그때 부모님은 따뜻하게 인정의 말을 건넵니다.

"우리 ○○는 그 책을 좋아하는구나."

이런 말을 종종 해 주면 아이는 반복해서 읽는 것을 좋게 받아들여 더욱 같은 책을 반복해서 읽습니다. 다양한 책을 폭넓게 읽으면서, 한편으로 특정한 책을 여러 번 반복해서 읽는, 이러한 다독과 정독의 조합이 독서력을 키웁니다.

'설명문' 책을 읽으면 머리가 좋아진다

고등학교 때도 읽는 힘이 이어지려면

어떤 어머니로부터 이런 이야기를 들었습니다.

> "중학교까지는 독서만으로 국어 성적이 최상위권이었는데,
> 고등학교에 들어온 후 현대문에서 성적이 뚝 떨어졌어요.
> 대학 입시에서도 고전했고요……"
> "그렇게 책을 읽었는데 별 의미가 없었다는 생각이 들어요.
> 독서가 공부로 이어지는 건 중학교 때까지가 아닐까요?"

이런 말을 자주 듣습니다. 원인이 무엇인가 하면 같은 독서

라도 소설류만 읽고 '설명문' 책은 별로 읽지 않았다는 것입니다. 설명문 책이란 자연과학, 사회과학, 인문과학, 인생론 같은 책을 말합니다. 이런 책을 읽는 힘은 고교 현대문을 읽는 힘으로 이어집니다. 국어력이 좌우되는 것은 주로 논설문이기 때문이지요. 그 어머니도 "그러고 보니 설명문 책은 전혀 읽지 않았네요"라며 수긍하시더군요.

설명문 책은 단순히 새로운 지식을 얻는 재미만이 아닙니다. 이미 잘 알고 있다고 여기는 일상생활에 대해 새롭게 이해하고 알아가는 발견의 재미가 있습니다. 어떤 사항을 아는 것뿐만 아니라 그 사항의 배경이나 구조를 알아가는 재미입니다.

소설류 책이 공상적이며, 감상적인 재미라고 한다면 설명문 책은 현실적이며, 사고적인 재미입니다.

이런 재미를 음미하다 보면 점차 생각하기를 좋아하게 되고 자연히 두뇌의 구조화도 진행됩니다. 그러므로 소설류 읽기가 마음을 풍요롭게 하는 독서라고 한다면 설명문 읽기는 머리를 좋아지게 하는 독서라고 할 수 있습니다.

재미있는 소설류를 읽으면서 함께 지적인 즐거움이 있는 설명문 책도 읽습니다. 독서는 이런 두 바퀴가 잘 맞물려 움직여야 합니다.

📖 자연과학과 전기 같은 문장에 익숙해진다

아동 도서의 세계는 소설류가 많고 설명문 책이 적은 경향이 있습니다. 설명문 책은 글을 쓰는 사람에게 상당한 어려움을 요구하기 때문입니다.

좋은 설명문은 단지 지식만 나열하는 게 아니라 지식의 배후에 있는 구조를 이해시켜 줍니다. 그것을 아이가 이해하기 쉽도록, 게다가 재미있게, 뛰어난 문장으로 쓴다는 건 상당한 수준이 필요한 일이지만 그에 비해 그다지 보상을 받지 못해서입니다.

아동 도서에 초등학생이 재미있게 읽을 수 있는 설명문 책이 적기 때문에 언어의 숲에서는 이전에 초등학교 1~3학년 아이들이 매주 소리 내어 읽을 수 있는 1,000글자 정도의 장문(長文) 1년 치 분량을 만든 적이 있습니다.

독자적으로 그런 장문 만들기를 생각할 정도로 초등학생이 읽기에 적합한 설명문 책이 적었습니다. 하지만 최근에는 과학적인 내용이면서 알기 쉽고 재미있게 쓴 책이 점차 등장하고 있습니다. 아이들이 설명문 책의 재미를 알게 되면 점차 뛰어난 설명문 책도 좀 더 많이 나오겠지요.

서점에는 생각보다 설명문 책이 적지만, 도서관의 비소설 코너를 이용하면 아이의 흥미에 맞는 책을 찾아볼 수 있습니다.

전철, 공룡, 곤충 등 이과적인 분야를 좋아하는 아이도 있고, 요리, 패션, 전기(傳記) 등 문화적인 분야를 좋아하는 아이도 있습니다. 아이마다 좋아하는 책은 상당히 다릅니다. 도서관을 잘 활용해서 설명문 책과 만날 기회를 늘리면 좋습니다.

한편 도감에는 설명문체의 문장도 실려 있지만 한 권을 끝까지 읽는다기보다, 항목마다 시각적인 효과가 강조되어 보는 것이 중심이 되므로 설명문 책을 대신하기에는 적합하지 않습니다. 도감은 도감으로 활용하고 설명문 책 읽기는 도감과는 별도로 생각하면 좋겠지요.

도감과 다소 비슷한 것이 학습 만화입니다. 학습 만화는 지식을 간결하게 정리하는 데는 도움이 되지만 이것도 설명문을 대신하는 독서라고 말하기는 어렵습니다.

소설에는 없는 생생한 재미가 있는 설명문 책

설명문 책의 특징은 현실과 이어진 것이 많다는 점입니다. 소설류는 재미는 있지만 그것을 현실로 이어가는 일은 별로 없습니다. 설명문과 소설류는 즐기는 법이 다르기 때문입니다.

요정이 하늘을 날아다니는 판타지를 읽으면 자신도 요정처럼 하늘을 날고 싶다고 생각할지도 모르지만 실제로 날겠다고 하면 부모님이 가만 계시지 않겠지요.

그러나 설명문 책은 분야에 따라 실제로 해 보고 확인할 수 있습니다. 방귀에 불이 붙는다고 하는 책을 읽으면 목욕탕에서 곧바로 시험해 볼 수 있는 것이 설명문 책의 장점입니다. 이 경우에도 부모님이 가만 계시지 않겠지만 말이지요.

읽은 내용을 현실에 적용하고 현실의 반응을 통해 보다 깊게 현실의 다양성을 알아가는 기회를 만드는 것이 설명문 책을 활용하는 방법입니다.

그 하나의 방법으로 언어의 숲이 지금 실행하는 것이 독서실험클럽입니다. 독서실험클럽은 웹 카메라가 장착된 컴퓨터를 이용해서 온라인으로, 아이들이 설명문 책을 읽고 책 내용을 토대로 가정에서 자유롭게 실험하고, 그 실험을 서로 발표하는 기획입니다. 인터넷 시대여서 가정에서 언제든지 부담 없이 이런 활동을 할 수 있게 되었습니다. 독서에도 큰 도움이 됩니다.

하루 10분 매일매일 독서 습관

하루 '10페이지 독서'를 꾸준히

앞에서 말했듯이 아이는 '읽기를 좋아함으로써 읽는 힘이 생기는 것'이 아니라 '읽는 힘이 생겨서 읽기를 좋아하게 되는 것'입니다.

책 읽기는 습관입니다. 습관으로 자리 잡으려면 매일 어느 정도 강제로 책을 읽게 하는 것도 필요합니다. 그러나 어릴 때 독서를 좋아했던 부모님일수록 '책은 자연히 읽게 되는 것이지 강제로 읽게 하는 건 아니다'라고 생각합니다. 예전의 소박하고 서정적인 시대에는 분명 그랬습니다. 그러나 지금은 아이 주변에 독서 이외에도 매력적인 유혹이 너무나도 많아서 자연히 독서를 좋아하게 되기는 어려운 일입니다.

처음에 학교에서 '아침 10분 독서 운동'을 펼쳤을 때 많은 사람이 "그런 단순한 활동으로 아이가 책을 읽게 된다면 고생할 필요도 없겠다"라고 했습니다.

그러나 실제로 시작해 보니 예상과는 달리 전혀 어려움이 없었습니다. 아침에 10분이라는 읽기 시간을 정하는 것만으로 지금까지 책을 읽지 않던 아이도 자연히 책을 읽게 되었습니다.

10분 독서 운동은 가정에서도 실천할 수 있습니다. 다만 시간이 아니라 페이지 수를 기준으로 삼아 '10페이지 독서'입니다. 정확하게는 '10페이지 이상 얼마든지 읽어도 좋은 독서'입니다.

가정에서 책 읽기를 할 때 10분이라는 시간으로 단락을 짓게 하면, 읽으면서 시간에 신경을 쓰느라 책에 집중하지 못할 수 있습니다. 이건 다른 공부를 할 때도 마찬가지인데, 시간으로 단락을 지어서 하는 공부는 집중력을 떨어뜨립니다.

열심히 하든, 놀면서 하든, 일정 시간까지 해야 한다면 누구나 놀면서 하는 쪽을 선택하기 때문입니다.

페이지 수를 조금씩 늘린다

10페이지라는 단위는 일단락을 짓기 좋아서 알기 쉽고 달성하기 쉬운 목표가 됩니다. 아동용 도서 10페이지는 5~10분이면 읽을 수 있습니다. 이 정도 분량이라면 매일 읽는 것도 그다지 힘들지 않습니다.

책이라는 건 사람을 끌어당기는 요소가 있기 때문에 10페이지라고 정해 놓고 읽으면 분명히 중간에 멈추지 못하고 좀 더 많이 읽게 됩니다.

독서의 즐거움을 몰랐을 때는 정확히 10페이지를 채우면 그만 읽지만, 읽는 힘이 생기면 자연히 읽는 즐거움에 눈을 떠서 좀 더 많이 읽게 됩니다. 물론 스스로 읽는 데 익숙해지기 전까지는 10페이지도 많을 수 있으니 한 페이지부터 시작해도 괜찮습니다.

책을 읽을 때 중요한 점은 매일 꾸준히 읽는 것입니다. 이틀에 한 번이나, 주에 3, 4회가 아니라 매일 거르지 않고 읽어야 습관을 만들 수 있습니다. 독서가 매일의 습관이 되면 자연히 읽을 수 있지만, 하루라도 거르면 거기서 멈춰 버릴 수 있기 때문입니다.

독서는 습관화되는 성질이 있어 얼마나 책을 읽는지를 살펴봐도 많이 읽는 아이와 전혀 읽지 않는 아이로, 양극단으로 나뒵니다. 읽는 아이와 읽지 않는 아이가 완만한 곡선을 그리는 것이 아니라 읽는 아이는 매일 읽고, 읽지 않는 아이는 전혀 읽지 않는 분포가 생깁니다.

아이에게 매일 거르지 않고 책을 읽게 하려면 부모님도 함께 읽는 방법이 효과적입니다. 아빠는 텔레비전을 보고, 엄마는 부엌에서 설거지하고, 동생은 장난감을 가지고 놀고 있는 환경에서 아이 혼자만 책 읽기를 바라는 것은 어불성설입니다.

학교에서 자연스럽게 독서가 진행되는 것은 반 아이들 모두가 함께해 나가는 집단의 힘이 있기 때문입니다. 다른 사람이 하는 걸 보면 자연스럽게 자신도 함께하기 쉽습니다. 그래서 노는 사람이 있으면 함께 놀고 싶어지고, 책을 읽는 사람이 있으면 함께 읽고 싶어집니다.

저녁 식사 후나 잠자기 전에 독서 시간을 만들어 놓고 가족 모두가 책을 읽기로 합니다. 자녀 양육의 하나로 가족이 함께 책 읽는 시간을 정하면 이를 계기로 자녀와 대화도 늘고 책 읽는 생활이 가족 문화로 정착됩니다.

책 읽기를 자극하는 포스트잇 독서법

아이가 책을 읽을 때 읽은 곳에 포스트잇을 붙여 가는 것을 추천합니다. 포스트잇은 책갈피를 대신하기도 하지만 책갈피와 다른 점은 그날 읽은 페이지에 매번 다른 포스트잇을 붙여 가는 것입니다. 매일 표시해 둔 포스트잇을 떼어 내지 않고 계단 모양으로 붙여 두면, 자신이 읽은 흔적이 한눈에 들어오기 때문에 독서를 자극하게 됩니다.

책을 열심히 읽는 아이라면 10페이지가 아니라 학년의 10배를 기준으로 합니다. 초등학교 1학년이라면 10페이지 이상, 2학년은 20페이지 이상, 3학년은 30페이지 이상, 그리고 5학년 이상 중학생, 고등학생은 모두 50페이지 이상입니다.

매일 50페이지를 읽는다면 한 주에 대략 한두 권 정도 읽을 수 있습니다. 책 중에는 잘 읽히는 책과 읽어 봐도 어려워서 좀처럼 읽히지 않는 책이 있습니다.

잘 읽히지 않는 책을 무리하게 애써 가며 끝까지 읽을 필요는 없습니다. 나중에 포스트잇을 붙인 곳부터 이어서 읽을 수 있도록 미뤄 두고, 다른 읽기 쉬운 책으로 바꿔도 좋습니다.

이 포스트잇 독서법을 활용하면 여러 권을 동시에 읽어 나갈 수 있어서 한 권을 계속 읽는 것보다 독서량이 많아집니다.

책 읽기의 즐거움을 아는 것이 목표

책을 좋아하는 감각을 키우는 시기

'책을 읽을 수 있는 것'과 '책 읽기를 좋아하는 것'은 비슷하지만 조금 다릅니다. 책을 읽을 수 있는 아이는 필요하지 않으면 책을 읽지 않을 수 있습니다. 책 읽기를 좋아하는 아이는 책을 읽지 않는 생활을 상상할 수 없을 만큼 좋아하는 것입니다.

아이 스스로 책 읽기를 좋아한다는 감각을 형성하는 시기가 초등학교 1학년부터 3학년까지입니다. 놓쳐서는 안 될 중요한 시기입니다.

고교생이 된 후부터는 책을 읽지 않는 아이가 급속하게 늘어납니다. 고교 시절에 독서의 토대가 되는 것이 초등학생 시절에 형성한 책을 좋아하는 감각입니다.

고교생이 되어서 책을 읽는 아이는 대학생이 되어도 끊임없이 책을 읽습니다. 사회에 나가서도 계속 읽습니다. 사회에 나가서도 계속해서 책을 읽을 수 있느냐 없느냐는 사회인으로서 성장을 결정짓는 중요한 요소입니다.

사회인이 되고 머지않아 부모가 된 후에도 계속해서 책을 읽으면 그 모습이 아이에게 새겨집니다. 책을 좋아하는 아이가 되는 첫 번째 토대가 책을 읽는 부모님의 모습입니다.

초등학교 저 · 중학년 시기에 독서 습관을 길러 놓아도 고학년 때 어려운 고비가 찾아오기도 합니다. 바로 중학교 입시를 준비하느라 책 읽을 시간이 없어져 버리는 것입니다.

책을 좋아하는 아이는 대학 입시 준비가 한창일 때도, 읽는 양은 상당히 줄어들지만 계속해서 책을 읽습니다. 중학교 입시도, 고교 입시도 마찬가지입니다. 어떤 때라도, 짧은 시간이라도 좋으니까 독서를 하는 습관만은 거르지 말고 계속 이어가는 것이 좋습니다.

📖 독서하는 아이는 표정이 다르다

예전에는 하굣길에 서점이 있어서 거기에서 선 채로 책을 읽다가 집에 가는 일이 잦았습니다. 그래서 매일 서점에 들르는 것이 습관이 된 아이도 많았습니다.

지금은 그렇게 서서 읽을 수 있는 서점이 상당히 줄었습니다. 그 대신, 머지않아 인터넷 서점에 접속할 수 있는 단말기를 통해 매일 읽을 수 있는 시대가 올 거라고 생각합니다.

그때까지는 가정에서 매일 책 읽는 습관을 길러 둘 필요가 있습니다. 매일 읽으면 독서가 습관이 되지만, 하루라도 읽지 않는 날이 있으면 독서 습관에서 멀어집니다. 이것은 어른도 마찬가지입니다.

책을 읽는 생활을 계속해 나가면 표정이 야무지고 단단해집니다. 독서 생활은 얼굴에도 드러납니다.

하나 더, 독서 생활이 표면으로 나타나는 것이 있습니다. 바로 작문입니다. 작문에 쓸거리가 없다, 또는 도저히 못 쓰겠다고 하는 아이는 평소 책을 읽지 않았기 때문인 경우가 많습니다.

독서라는 인풋이 있으면 작문이라는 아웃풋이 쉬워집니다.

독서는 한때 많이 했으니까 앞으로는 안 해도 되는 성질의 것이 아닙니다. 매일 솟아나는 샘물처럼 끊이지 않고 공급해야만 강이 되어 강물이 흐르고, 그 물의 흐름이 아이의 생활을 풍요롭게 적십니다.

장점이 많은 전자책

독서를 좋아하는 아이는 작은 틈새 시간도 활용해서 책을 읽습니다. 전철을 기다리는 몇 분 동안에 자연스럽게 몇 페이지를 읽곤 합니다.

또 외출할 때도 책을 들고 나갑니다. 수영 교실에 갈 때도, 피아노 학원에 갈 때도, 놀이동산에 갈 때도 가방 속에 책을 넣어 갑니다.

자투리 시간에 조금씩 읽어도 독서량에서 큰 차이가 생깁니다.

앞으로는 전자책 단말기 활용이 늘어날 것입니다. 지금 독서를 좋아하는 성인은 종이책으로 독서를 좋아하게 되었고 독서 습관이 길러졌던 성공 체험이 있어서 전자책 같은 정보 단말기 활용에서는 뒤처질 수도 있습니다.

전자책 단말기에는 많은 이점이 있습니다.

◇ 가볍고 휴대하기 좋다.

◇ 한 번에 몇십 권, 몇백 권을 보관할 수 있다.

◇ 필요한 곳에 밑줄을 긋거나 메모를 할 수 있다.

◇ 눈으로 읽는 것뿐만 아니라 음성으로도 들을 수 있다.

◇ 장소에 구애받지 않고 독서를 즐길 수 있다.

◇ 사전이 없어도 모르는 어휘의 의미를 찾아볼 수 있다.

◇ 남들이 어떤 곳에 관심이 있는지 전체 경향을 살펴볼 수 있다.

◇ 글자 크기를 자유롭게 변환할 수 있다.

◇ 구입한 책을 스마트폰이나 컴퓨터 등 다른 정보 단말기에 동기화해서 읽을 수 있다.

새로운 독서 환경에 대한 정보를 공유하기 위해서 자녀의 독서를 생각하는 부모님들이 모인 네트워크 그룹에 가입하는 것도 좋습니다.

3장

뒷심을 발휘하는
초등 첫 3년간의 공부법

집에서 공부는 최소한으로, 매일 확실하게

계산은 연습이 필요하다

이 시기는 독서가 공부의 중심입니다. 그 외에는 자유 시간으로 두고 마음껏 놀게 하는 것이 중요하다고 했습니다. 다만 책상에 앉아서 하는 공부가 전혀 필요 없다는 의미는 아닙니다. 학교 수업 시간만으로는 연습량이 부족한 과목이 있기 때문입니다. 대표적인 것이 계산입니다.

국어의 힘은 독서를 하면 자연스럽게 몸에 배게 됩니다. '독서백편의자현'이라고 했듯 어려운 문장도 반복해서 읽으면 자연히 이해되는 면이 있습니다.

이에 비해, 수학은 약속의 세계입니다. 풀이 법칙을 이해한 후 숙달되면 누구나 잘할 수 있습니다. 반대로, 법칙을 모르면 아무리 문제를 들여다보아도 풀 수가 없습니다.

특히 초등학교 저학년 때는 단순한 계산 문제 위주이기 때문에 수학을 잘하고 못하고는 푸는 법을 아는가 모르는가에 달려 있습니다.

예를 들어 '숫자를 계산할 때는 자릿수를 맞춰서 계산한다'라든가 '분수의 덧셈은 분모는 그대로 두고 분자만 더한다' 같은 것은 자연스럽게 깨닫는 것이 아니라 법칙을 이해하고 나서야 비로소 알게 됩니다.

수학의 힘을 기르려면 매일 집에서 계산 연습을 하고 풀이 법칙에 익숙해져야 합니다. 수학을 어려워하는 아이는 숫자 감각이 없는 게 아니라, 단지 어떤 부분에서 풀이 법칙을 정확하게 이해하지 못하고 있고, 거기에서 막혔을 뿐입니다.

수학을 두려워하지 않는 것을 목표로 하여 독서와는 별도로 또 하나의 공부의 축으로 삼습니다.

학교 숙제만 하면 괜찮다?

가정 학습이라 하면 '학교에서 내주는 숙제를 매일 하니까 그걸로 충분하지 않을까?' 하고 생각하는 부모님도 많습니다.

분명 숙제가 있으면 공부하기가 쉬워집니다. 그러나 숙제는 모두에게 일률적으로 내는 경우가 대부분입니다. 아이들 저마다의 수준에 맞춰서 내지 않습니다.

아이가 매일 숙제를 하고 있으면 열심히 공부하는 것처럼 보여서 부모님은 안심하는 경향이 있는데, 잘 살펴보면 단지 분량만 채우는 형식적인 공부를 할 때도 많습니다.

숙제 중심의 공부를 계속할 수 있는 건 저학년 때까지입니다.

학년이 올라가고 공부 내용이 복잡해지면 어떤 과목은 뛰어나지만 다른 과목은 그렇지 못한 개인차가 생겨납니다. 그렇게 되면 학교 측에서는 일률적인 숙제를 내기 어려워져서 공부는 가정에 맡겨 둡니다.

그러면 그때까지 숙제만 공부라고 여겼던 가정에서는 축적된 가정 학습 노하우가 없기 때문에 무엇을 어떻게 공부하면 좋을지 갈피를 잡지 못합니다.

초등학교 저학년 때부터 숙제 중심의 공부를 하면 가정 학습 방법을 모르기 때문에 좀처럼 스스로 하는 공부로 전환하기 어렵습니다.

중학생이나 고등학생이 되어 공부를 잘하는 학생은 사실은 가정에서 스스로 하는 공부를 해 왔습니다. 숙제 중심의 공부와 스스로 세운 계획 중심의 공부는 능률 면에서 효과가 전혀 다르기 때문입니다.

그러므로 초등학교 저학년 때부터 숙제와는 별도로 독자적인 가정 학습을 하는 것이 중요합니다. 주식(主食)은 가정에서 스스로 하는 공부, 부식(副食)은 학교 숙제인 것이지요.

처음에는 시간이 걸리는 것처럼 보여도 궤도에 오르면 가정 학습이 수월해집니다.

초등학교 1학년 때부터 가정 학습 습관을 기르면 학년이 올라가도 가정 학습을 이어갈 수 있습니다. 반면 4학년 무렵에 갑자기 가정 학습을 시키려고 하면 아이가 제대로 따라오지 않아서 좀처럼 잘 진행되지 않습니다.

스스로 공부하는 습관 들이기

저학년 때 시작되는 자기 주도 학습 습관

이상적인 공부는 아이 스스로 하는 자기 주도 학습입니다. 주어진 방법대로 공부하는 것이 아니라 스스로 무엇을 할 것인지 생각하고 공부하는 형태입니다.

그 출발점이 초등학교 저학년 시기인데, 교육에 열성적인 부모님일수록 주의해야 할 점이 있습니다. 바로 '지나치게 힘을 들이지 않아야 한다'는 것입니다.

어느 가정에서는 소리 내어 읽기가 서툰 아이를 위해 어머니가 책이 물에 젖지 않도록 읽기 교재 표지를 손수 만들어서 아이와 함께 목욕하며 읽어 주었습니다.

절로 미소 짓게 되는 흐뭇한 광경이지만 매일 그런 일이 되풀이되면 "엄마가 감기 때문에 목욕을 못 해서 오늘은 소리 내어 읽기를 못 했네"라고 말하는 일이 생깁니다.

공부는 아이가 스스로 할 수 있도록 순서를 만들어 주는 것이 중요합니다. 예를 들면 복사물이나 문제집을 매일 하는 경우, 부모님은 대개 그것을 서랍에서 꺼내어 책상에 가지런히 올려놓고 준비해 주는 일이 많습니다. 그리고 아이가 문제를 풀면 채점을 하고 스티커를 붙여 준 후 원래대로 서랍에 정리하는 일까지 해 주기도 합니다.

"준비와 정리는 엄마(아빠)가 할 테니까 너는 공부만 해"라는

말까지는 하지 않지만, 그렇게 부모님이 전적으로 도와주며 공부를 시키는 가정이 많습니다.

처음 얼마 동안은 어쩔 수 없이 그렇게 하는 면도 있습니다. 아이에게 "공부는 너 자신을 위해서 하는 거야"라고 말해도 사실은 이해하지 못합니다. 아이는 자신을 위해서가 아니라 부모님을 위해서, 부모님이 기뻐하니까 공부를 합니다. 부모님이 같이 있어 주니까 공부에도 의욕이 생기는 것입니다.

그러나 계속해서 부모님이 도와주면 공부는 부모님 때문에 하는 것이라는 인식이 생겨서 오히려 자기 주도 학습의 습관이 자리 잡지 못합니다.

채점까지 스스로

번거롭더라도 아이가 혼자서 할 수 있는 순서를 설명해 주고 혼자 하게 해야 아이 스스로 공부하는 힘이 길러집니다.

아이가 스스로 공부하는 데 익숙해지면 부모님은 공부하는 모습을 지켜보기만 합니다. 한시도 곁을 떠나지 않는 것이 아니라 아이가 뭔가를 질문하면 바로 대답해 줄 정도의 위치에서, 때때로 아이에게 눈길을 주면서 부모님도 독서든 정리정돈이든 자신이 하고 싶은 일을 합니다.

아이가 공부를 끝내면 공부한 결과물을 살펴보고 어떤 공부를 했는지 물어봅니다. 조금 어려운 문제가 있으면 아이에게 해결 방법을 설명해 보라고 합니다.

그때 아이의 설명이 비록 이해하기 어렵더라도, 열심히 설명하려고 하면 내용을 알고 있다는 것이므로 부모님은 그저 대견한 마음으로 설명을 들어주면 됩니다.

아이에게 스스로 채점하게 하면, 채점을 대충 하지 않는다든지 채점 후 틀린 곳을 스스로 알아보게 한다든지 여러 가지 주의가 필요합니다. 그러므로 처음에는 부모님이 도와줍니다.

하지만 지금 스스로 하는 구조를 만들어 놓으면 그다음부터는 훨씬 편해지고 초등학교 4학년 이후에는 부모님이 말하지 않아도 스스로 공부합니다.

시간보다는 분량으로 공부 습관을 들인다

하루 한 장이라도 좋다

학교에서 내주는 숙제가 있는데 거기다 집에서 다른 공부를 시키는 건 아이에게 부담이 될 거라고 생각하는 분도 있겠지요. 담임마다 다르지만 매일 많은 과제를 내는 교사도 있기 때문입니다.

숙제가 잔뜩 있는 데다가 집에서도 독자적인 공부를 해야 한다면 아이에게는 고통일지도 모릅니다.

가정 학습의 목적은 스스로 공부하는 습관 만들기입니다. 그러므로 공부의 양은 편하게 할 수 있을 정도로 줄여야 합니다. 계산 연습을 한 페이지 정도 끝낼 수 있는 분량이면 됩니다. 어느 정도 공부를 할지는 '하루 30분'처럼 공부 시간을 정하는 게 아니라 '하루 ○페이지'라고 분량을 정하는 것이 중요합니다.

아이가 자라서, 자신의 의지로 하루에 ○시간을 목표로 공부하겠다고 하는 건 좋은 일입니다. 그러나 자신 이외의 사람, 가령 부모님이 공부 시간을 정해 준 경우라면, 아이는 공부 내용보다도 시간에 관심이 쏠리기 때문에, 주어진 시간 내에서 가능한 한 낮은 밀도로 공부하려고 합니다.

낮은 밀도로 하는 공부란 예를 들면 간단히 풀 수 있는 쉬운 문제를 몇 시간이고 푸는 것을 말합니다. 옆에서 보면 쉼 없이 연필을 움직이기 때문에 열심히 공부하는 것처럼 보이지만 새로 배우는 건 극히 적습니다.

공부에서도 놀이에서도 중요한 건 밀도입니다. 시간을 끌려고 하면 밀도는 자연히 낮아집니다. 그러면 비효율적으로 낮은 밀도로 행동하는 것이 일상의 습관이 되어 버립니다.

초등학생에게 알맞은 가정 학습 시간의 표준은 흔히 '학년×10분'이라고 하는데 표준에 구애받을 필요는 없습니다. 아이가 집중해서 몰두할 수 있는 시간을 토대로, 시간이 아니라 페이지 수 등으로 공부할 양을 정해서 하면 좋습니다.

빨리 끝냈다고 추가하는 것은 금물

시간이 아니라 페이지 수로 공부의 양을 정해 두면 아이는 공부를 끝내고 남는 시간에 자유롭게 놀려는 마음에서 적극적으로 공부에 몰두합니다.

그러면 15분 정도 걸릴 거라고 예상한 공부가 5분도 채 되지 않아 끝나기도 합니다. 그때 결코 해서는 안 되는 말이 있습니다.

"그렇게 일찍 끝냈으니 이거 하나만 더 하자."

바로 공부를 추가하는 일입니다. 이렇게 여러 번 공부를 추가하는 일이 생기면 아이는 머지않아 집중력 있게 공부하지 않게 됩니다. 집중하면 그만큼 손해를 본다고 생각해 버리기 때문입니다.

아이가 예상 밖으로 빨리 그날 몫의 공부를 끝냈을 때는 절대로 더 하게 하지 말고 끝을 맺는 것이 중요합니다.

"잘했구나. 그럼 이제 마음껏 놀아도 돼."

아이의 노력을 인정해 줍니다. 이렇게 대응하면 아이는 공부는 '남이 시키는 것'이 아니라 '스스로 적극적으로 집중하는 것'이라고 인식하게 됩니다.

늦게 온 날은 한 문제라도 풀게 한다

공부의 양은 아주 적어도 괜찮습니다. 다만 매일 거르지 않고 계속하는 것이 중요합니다. 습관은 매일 계속함으로써 붙는 것이니까요. '아침 식사 전에 공부한다', '저녁에 텔레비전을 보기 전에 공부한다' 등 규칙을 정했으면 평일이든 주말이든 같은 시간에 일어나서 같은 공부를 하는 생활을 매일 습관처럼 해 나가는 것이 좋습니다.

특히 아침 식사 전에 하는 공부가 습관이 되면 여러 면에서 유리합니다. 하루가 거의 저물어 가는 저녁과는 달리 아침에는 머리도 맑아서 보다 집중해서 공부에 주력할 수 있습니다.

학년이 올라가면 학교에서 돌아오는 시간이나 저녁 시간은 여러 가지로 변동이 생기기 쉽습니다. 그래서 예정되어 있던 걸 못하게 되는 일도 생기고, 가정 학습 습관도 무너지기 쉽습니다. 아침은 그런 변동 사항에 영향을 받지 않는 소중한 시간입니다. 일찍 일어나면 이득이 된다는 건 예나 지금이나 마찬가지입니다.

그러나 사정에 따라 매일 하지 못하는 일도 생깁니다. 여행을 갔거나, 감기에 걸려 누워 있었거나, 저녁때 근처 축제에 갔거나 할 때입니다.

순조롭게 진행되던 가정 학습 습관이 좌절되는 일이 생기는 건 이런 예외가 여러 날 있을 때입니다.

이런 일을 피하려면 "오늘은 이러이러한 이유로 매일 하던 걸 하지 못해"라고 말하고, 아이에게 예외임을 확실히 인식시켜야 합니다.

또한 계획대로 정해진 양을 하지는 못하더라도, 무리가 아니라면 설령 그 몇 분의 일이라도 해서 형식만이라도 정한 대로 지켜 나갑니다. '이거 한 문제만 풀자', '한자 한 글자만 쓰자',

'이 책 한 페이지만 읽자'처럼 말입니다.

좋지 않은 건 그날 못한 분량을 다음 날로 넘기고 지나가는 것입니다. "오늘 못한 분량은 내일 하자"라고 하면 머지않아 다른 일도 '내일 하면 돼'라는 인식을 가질 수 있습니다.

그리고 하루에 이틀 분량을 하기는 힘들기 때문에 내일 분량도 다음 날로 넘기게 되고 다음 날로 넘긴 것이 3일 치가 되고 4일 치가 되다가 결국 하지 못하게 됩니다.

그날 하겠다고 정한 건 조금이라도, 형식만 지키더라도 그날에 합니다. 그리고 그날 하지 못할 때는 이유를 분명히 밝히며, 그날은 하지 못한 걸로 하고 다른 날로 넘기지 않으며 거기서 끝내게 합니다. 이런 공부법으로 집중력이 길러집니다.

어려운 문제와 선행학습의 맹점

어려운 문제는 공부와 멀어지게 한다

매일 가정 학습을 할 때 두 가지 중요한 점이 있습니다. 앞서 얘기했듯이 분량을 다소 적게 잡는 것과 '어려운 내용을 지나치게 시키지 않는 것'입니다.

으레 부모님들은 책을 읽힐 때는 어려운 책을 많이 읽히는 경향이 있고, 수학 공부에서는 어려운 문제를 지나치게 시키는 일이 많습니다. 시간적으로도 과도하게 긴 시간 공부하게 하는 등, 아이를 한계까지 밀어붙여서 성장시키려고 합니다.

부모님이 딱 좋다고 생각하는 난이도와 분량의 절반 정도가 아이에게 가장 적절합니다. 저학년 때 어려운 공부를 한다고 해서 학력이 향상되는 것은 아닙니다. 오히려 공부를 싫어하게 되기도 합니다. 그도 그럴 것이 저학년 때의 어려운 내용은 인위적으로 어렵게 만든 문제일 때가 많기 때문입니다. 어렵게 만든 문제란 예를 들면 다음과 같습니다.

'역에 전철이 도착해서 10명이 내리고 8명이 탔습니다. 지금 전철에는 15명이 타고 있습니다. 처음에 몇 명이 타고 있었나요?'

계산이 어려운 게 아니라 문제문이 현재에서 과거로 거슬러 올라가는 이야기여서 이 문장을 읽고 이해하기가 어렵습니다.

이 시기의 학습 내용은 계산도 지극히 기본적이어서 난도를 올리기 위해서는 문제를 복잡하게 만들 수밖에 없습니다. 이것이 고난도 문제의 어려움입니다.

수학에서 어려운 문제라고 하는 건 절반은 수학 문제고, 절반은 국어 문제입니다. 이걸 더 어려운 문제로 만들려면 국어 쪽을 어렵게 할 수밖에 없습니다. 그렇다면 차라리 아이와 함께 수다를 떠는 것이 훨씬 국어력 향상에 도움이 됩니다.

이런 문제만 풀다 보면 아이는 점점 공부에 염증을 느낄 수 있습니다. 공부란 심술궂게 꼬인 문제를 풀어야만 하는 것이라는 편견이 생기기 때문입니다. 문제집을 풀 때는 기본을 확실히 학습할 수 있는 단순한 것부터 풀게 합니다. 난이도는 아이가 편하게 풀 수 있거나 조금만 생각하면 풀 수 있는 정도가 적당합니다. 그런 문제를 매일 반복해 나가는 과정에서 학력의 기초가 형성됩니다.

선행학습을 해도 결국 따라잡힌다

앞에서 선행학습은 그다지 필요하지 않다고 했습니다. 하지만 선행학습에는 좋은 면도 있습니다. 현재 학년에서 배우는 내용을 완전히 소화했다면 관심에 따라 다음 학년에 배울 내용을 미리 공부하는 건 인간의 지적 호기심을 자극하는 즐거운 일이기 때문입니다.

특히 한자의 선행학습은 자연스러운 일입니다. 책을 읽다 보면 모르는 한자가 잇따라 나옵니다. 학년별 필수 한자는 인위적인 것에 지나지 않습니다. 가정 학습 교재로 학년을 뛰어넘는 선행학습을 해 나가면 좋습니다.

다만 선행학습을 선행 경쟁으로 인식하거나 남에게 뒤처지면 안 된다는 경쟁심 속에서 공부를 시키는 것은 좋지 않습니다. 저학년의 경우, 경쟁심을 바탕에 두고 공부하면 내용보다는 양에 집중하는 공부가 되기 쉽습니다.

저학년 때 공부량을 소화하고 시간을 들여서 선행학습을 하면 그때는 분명 앞서 나간 것처럼 보입니다. 그러나 학년이 올라가고 다른 아이들도 그 학년의 공부를 하면 선행학습을 한 만큼의 차이가 어느 사이에 메워집니다.

만약 혼자만 하루가 25시간이라면 그 아이는 한 시간 정도 선행학습을 해도 좋겠지만, 다 같은 24시간인 현실에서, 선행학습에 들인 시간은 다른 시간을 줄여서 마련한 시간입니다.

줄인 시간에 독서를 하거나 자유로운 놀이를 했다면 선행학습을 하는 것보다 더 플러스가 됩니다.

흔히 '성장 가능성이 있는 아이'라는 표현을 사용하는데, 성장 가능성의 유무는 저학년 시기에는 아직 잘 모릅니다. 중학생이 되어서 혹은 고등학생이 되어서 아는 경우도 있고, 대학생이 되어서야 비로소 아는 경우도 있습니다. 사회인이 되어서 그제야 '어릴 때 했던 독서와 놀이가 지금의 나를 만들었구나' 하고 진지하게 깨달을 때도 있습니다.

중학교 3학년 이후는 아이가 스스로 자각하고 공부할 수 있는 시기이므로 스스로 정한 목표를 향해 힘껏 나아가면 됩니다. 그러나 그때까지는 대부분 스스로 자각해서 공부하는 건 아닙니다.

그러므로 부모님이 언제나 아이의 성장 가능성을 열어 두고 공부를 할 수 있게 해야 합니다.

우선 '잘한 점'을 칭찬한다

공부는 기분 좋게, 즐겁게

공부는 기분 좋게, 즐겁게, 재미있게 하는 것이 중요합니다. 혼내거나 주의를 주는 건 될 수 있으면 적게, 가능하면 하지 않는 게 좋습니다.

진지한 부모님일수록 아이의 결점이 먼저 눈에 띄고 그 결점을 고치는 것이 공부의 중심이 되기 쉽습니다. 그런 부모님은 아이의 작문을 봐도 바로 고쳐주려고 합니다. 글씨가 지저분하다, 띄어쓰기가 되어 있지 않다, 구두점을 이상하게 찍었다 등 곧바로 지적하려고 합니다.

아이가 글쓰기를 완성한 직후에 바로 그런 주의를 받으면 아이는 즐겁게 글쓰기를 하기 어려워집니다.

글쓰기를 할 때 "다음엔 뭘 쓰면 돼?", "뭐라고 쓰면 돼?" 하며 한 문장씩 부모님에게 물어보는 아이도 있습니다. 그 원인은 아이가 처음으로 혼자서 작문했을 때 부모님이 고치거나 주의를 준 일이 있기 때문입니다. 아이는 힘들게 써도 어차피 고쳐질 거라면 처음부터 물어보고 쓰자는, 아이 나름의 합리적인 판단을 한 것입니다.

부모님이 아이의 부족한 점을 지적하면서 공부를 시키면 아이의 능력은 들인 시간에 비해 발전하지 않습니다. 두뇌는 기분 좋게 칭찬받으면 활성화되고 흡수력도 증가하기 때문입니다.

우울한 기분으로 공부를 하면 성장한 후에도 공부를 좋아하지 못하게 됩니다.

공부라는 건 본래 자신의 지성이 향상된다는 점에서 누구에게나 기쁜 법입니다. 그런 긍정적인 마음을 가질 수 있게 하려면 초등학교 저학년 때 즐겁게 공부를 해 나가야 합니다.

물론 주의나 꾸중이 필요한 때가 있는데, 그럴 때는 공부 중에 주의를 주는 것이 아니라 공부를 시작하기 전에 미리 주의할 사항을 이야기합니다.

주의 사항도 여러 개 정해 두면 지키지 못하는 일이 생기니까 확실히 지킬 수 있을 것 같은 두세 가지로 좁힙니다. 그리고 그중의 하나라도 잘했으면 크게 칭찬해 줍니다.

같은 사항이라도 공부 중에 주의를 주면 그것만으로도 우울한 공부가 됩니다. 공부를 시작하기 전에 미리 말해 두면 칭찬을 하며 기분 좋게 공부할 수 있습니다.

틀렸으면 더 현명해질 기회라고 기뻐한다

만화를 보면 책상 서랍에 0점 시험지를 숨겨 둔 장면이 종종 나옵니다. 아이는 왜 시험지를 숨겨 두었을까요? 이전에 0점 시험지 때문에 부모님을 놀라게 한 일이 있기 때문입니다.

아이가 간혹 학교에서 시험 점수를 못 받을 수 있습니다. 그때 부모님이 충격받은 표정을 지으면 아이는 다음부터는 점수가 나쁠 때는 보여 주지 않으려 합니다.

시험 점수는 공부하면 올라가는 것이므로 점수가 나쁜 시험지일수록 빨리 보는 편이 좋습니다.

그러기 위해서는 점수가 나쁜 시험지를 봤을 때도 평소처럼 다정하게 웃는 얼굴로 이런 말을 건네면 좋습니다.

"시험은 자기가 모르는 걸 발견하기 위해서 있는 거니까
틀린 게 많을수록 너에게 플러스가 된단다.
그러니까 틀린 게 있으면 기뻐하면서
'이걸로 또 한 번 내가 똑똑해지겠구나' 하고 생각하면 돼."

이 시기의 공부는 내용보다도 공부를 마주하는 자세가 중요합니다. 시험도 점수에 연연하기보다는 그 시험을 어떻게 바라보는가 하는 시각이 더욱 중요합니다.

이런 자세를 어릴 때 길러 두면 중학생, 고등학생이 된 후에

도 흔들림 없이 공부할 수 있습니다. 예를 들어 모의시험에서 A인지 B인지 정확히 모르는 문제가 있을 때 어림짐작으로 한쪽을 선택해서 50퍼센트의 확률로 점수를 받는 게 아니라, 답을 적지 않고 명확하게 틀리는 것입니다. 이런 생각을 하는 아이는 학력이 향상됩니다.

영어 공부는 언제부터 시작해야 할까?

먼저 국어를 확실하게

초등학교 3학년부터 영어는 필수 과목으로 정규 교육과정에 들어가 있습니다. 오래전부터 많은 사람이 영어 조기교육에 관심을 가져 왔습니다. 언어의 숲에서도 "지금부터 영어를 가르치는 게 좋을까요?", "영어 CD 교재는 어떤 게 좋을까요?" 하는 질문을 자주 받습니다.

중학교부터 시험을 치르기 위한 영어 공부를 시작하기 전에 초등학교 4학년 무렵부터 영어에 친숙해지도록 연습하는 건 좋은 일입니다. 다만 그보다 더 일찍 영어 공부를 시작할 필요는 없다고 생각합니다.

초등학교 저학년 시기에는 무엇보다 국어가 중요합니다.

영어 문장을 정확히 이해하는 토대는 먼저 국어 문장을 이해하는 것입니다. 그래서 영어 교육에 책임감을 가지고 관여하는 사람일수록 영어를 배우기 전에 국어의 이해력을 튼튼하게 길러 놓을 필요가 있다고 강조합니다.

학년이 올라가고 영어 문장의 내용이 어려워질수록 영어를 읽는 힘보다도 내용을 이해하는 국어력이 더욱 중요해집니다.

대학 입시 수준의 영어라면, 단어와 문법을 아는 것만으로는 부족하며 독해력이 영어의 학력이 됩니다. 그래서 대학 입시가 가까울 무렵이면 국어력이 있는 학생이 영어력(英語力)도 향상됩니다.

영어력의 기초는 국어력입니다. 그리고 초등학교 1~3학년 시기는 특히 국어력을 높이는 중요한 시기입니다.

인공지능이 번역해 주는데 영어를 배워야 할까?

최근 인공지능은 딥러닝 알고리즘을 통해 자연언어 처리에 커다란 진보를 보였습니다. 이미 국내 호텔 프런트 등에서는 외국인을 응대할 때 음성을 사용한 다른 언어 간의 동시 번역을 이용하고 있습니다. 생각보다 빨리 실용적인 기계 번역이

보급될 것으로 보입니다.

기계 번역의 발달이 가속화되는 시대에 영어 교육은 어떻게 될까요? 앞으로 영어 교육은 커뮤니케이션 도구에서 문화적 차이를 배우는 교육으로 확대되리라 생각합니다. 문화적 차이를 배우는 교육은 영어 이외의 외국어를 포함한 세계의 문화를 배우는 방향으로 진행될 것입니다.

언어의 역할이 단지 의사 전달의 도구만은 아닙니다. 마음을 키우는 도구이기도 하다는 인식 전환이 이루어질 것입니다. 그 결과 영어 교육은 영어를 가르치는 교육에서, 영어권과 다른 언어권 사람에게 자국의 언어를 가르치는 방향으로 진행되어 가리라 생각합니다.

학원 수강은 꼭 필요할까?

가정 학습의 이점

정답이 있는 공부는 기본적으로 독학할 수 있습니다. 많은 경우, 독학하는 것이 남에게 배우는 것보다 능률적입니다. 자신이 원하는 곳에 시간을 들일 수 있기 때문입니다.

이에 비해서 남에게 배우는 형태의 공부는 주어진 범위의 공부를 주어진 속도에 맞춰 공부하지 않으면 안 됩니다.

자신이 완전히 아는 것도 다 함께 다시 배워야 하고, 아직 이해가 되지 않는 부분이 있어도 그것만 물고 늘어질 수도 없으며, 전체의 페이스에 맞춰 나가야 합니다.

우리 집 아이들의 교육도 독학 중심으로 해 왔습니다. 아이들은 모두 가정 학습으로 공부했습니다.

가정 학습에는 여러 가지 장점이 있습니다. 물론 단점도 있지만요. 첫 번째 장점은 자신의 페이스로 할 수 있어서 여유가 있다는 점입니다. 굳이 학원에 갈 필요가 없습니다.

거실 책상 위에 공부할 교재를 펴면 그곳이 바로 교실이 됩니다. 별도의 비용도 들지 않습니다. 시간적으로도 비용적으로도 여유 있게 공부할 수 있습니다.

두 번째 장점은 부모님이 공부 내용을 파악할 수 있다는 점입니다. 내용을 파악할 수 있어서 궤도 수정이 용이합니다.

아이의 공부법에 대해서도, 비효율적인 방법으로 하거나 글자를 잘못 읽거나 하면 바로 알 수 있어서 곧장 행동을 취할 수 있습니다.

그렇다고 늘 아이와 함께 있으면서 공부하는 모습을 지켜보라는 건 아닙니다. 가까이 있으니 자연스럽게 알게 되는 것이지요.

단순한 교재로 철저히 반복하는 것이 최고

흔히 중학교 3학년까지는 아이 방이 아니라 거실에서 공부하게 하는 게 좋다고 합니다. 아이가 공부하는 모습을 옆에서 지켜볼 수 있기 때문입니다. 가정 학습을 중심으로 하지 않는다면 어떤 교재로 어떤 공부를 하는지 물어보지 않으면 알기가 어렵습니다. 만약 부모님이 바빠서 공부 내용을 파악하지 못하면 시험 점수만으로 아이의 공부를 판단하게 됩니다. 그러면 공부 면에서 자녀와의 관계가 점점 멀어질 수도 있습니다.

가정 학습의 세 번째 장점은 해야 할 공부가 단순해지기 때문에 그만큼 밀도 높은 공부를 할 수 있게 된다는 점입니다.

가정 학습의 중심이 되는 교재는 단순합니다. 우선 독서를 위한 책과 수학 계산과 한자 쓰기 문제집 각각 한 권입니다. 교재를 준비하면 그다음에는 학교 교과서 또는 교과서 수준에 맞는 참고서를 활용하여 충실한 가정 학습을 이어갈 수 있습니다.

교재도 공부법도 단순해서 부모님이 개입하지 않아도 아이가 스스로 그날 할 분량을 끝낼 수 있습니다. 또 교재의 종류가 적기 때문에 같은 교재로 여러 번 반복해서 학습할 수 있습니다.

공부의 기본은 같은 내용을 여러 번 반복해서 자신의 것으로 만드는 데 있습니다. 그러나 학원이나 온라인으로 하는 교육은 주어지는 교재의 종류가 많고 게다가 여러 권으로 나뉘어 보관하기도 어려워 반복해서 학습하기가 곤란합니다.

학원은 보조수단으로

가정 학습에는 위에서 말한 장점이 있지만 처음 시작할 때 부모님도 아이도 시행착오를 겪습니다. 학원과 온라인 교육처럼 완성도가 높은 공부를 하는 게 아니어서 처음에는 별 효과 없이 시간만 들이기도 합니다.

그러나 일단 가정 학습이 궤도에 오르고 공부하는 습관이 붙으면 아이가 성장한 후에도 남에게 의지하지 않고 스스로 생각해서 공부하는 자세를 갖추게 됩니다.

물론 가정 학습에도 단점이 있습니다. 가정 학습은 부모와 자녀 사이에서만 이루어지기 때문에 순조롭게 진행되지 않는 경우 그 단점이 그대로 드러나 관계에 영향을 미칠 수도 있습니다.

학원이나 온라인 교육처럼 교사라는 제삼자가 개입하면 체계를 세우는 면에서는 수월할 수 있습니다. 또 아이는 초등학교 4학년 무렵이 되면 같은 또래 집단 속에 있는 걸 좋아합니다. 친구가 있는 편이 공부에도 놀이에도 의욕이 생길 수 있습니다.

이러한 장점이 있는 학원과 온라인 교육은 가정 학습의 장점을 살리는 보조수단이나 가정 학습의 컨설턴트 역할을 하는 선에서 이용하면 좋습니다.

본격 공부는 16세 때 시작된다

📖 진지하게 공부하는 건 16세부터

'나는 열다섯에 학문에 뜻을 두었고 서른에 스스로의 힘으로 일어설 정도로 자격과 실력을 갖추었다(吾十有五而 志于學, 三十 而立)'라는 공자의 말은 많은 사람의 인생 사이클과 비슷합니다.

만 15세가 되면 아이들 대부분이 자신의 인생을 자각하고 인생의 일부로 공부라는 걸 진지하게 생각해 봅니다.

그때까지 겉모습은 단단해 보여도 부모님과 교사가 깔아 놓은 선로 위를 달리는 생활을 합니다. 그러나 16세가 될 무렵부터는 스스로 선로를 깔고 그 위를 달리려고 합니다. 진정한 공부의 출발점은 16세가 되는 중학교 3학년부터라고 해도 과언이 아닙니다. 지금까지는 걷거나 기껏해야 자전거로 달려온 아이가, 이때부터는 엔진이 장착된 자동차를 타듯이 배움의 속도나 깊이가 달라집니다. 그러므로 초등학교 때부터 진정한 공부는 16세를 출발점으로 시작된다는 장기적인 안목을 가지고 자녀를 양육하면 좋습니다.

저학년 때 자녀 양육의 핵심으로 둬야 하는 점은 '읽는 힘을 기르는 것'과 '스스로 공부하는 습관 기르기'입니다.

지금까지 많은 아이의 성장 모습을 살펴보면, 초등학교 시절 놀기만 하고 공부는 별로 하지 않아서 부모님을 내심 애태우던 아이가, 고등학생이 될 무렵이면 의외로 믿음직하게 공부를 합니다.

한편 초등학교 시절 부모님이 열심히 공부를 시켜 그런대로 좋은 학교에 진학했지만, 중고등학생이 된 후 공부에 싫증을 내 버리는 아이도 있습니다.

대학 입시를 당면 목표라고 한다면(사실은 좀 더 멀리에 공부의 목적이 있지만), 성과를 낼 수 있을지는 고교 시절 막바지인 대입 수험기에 바른 공부법으로 집중력을 발휘할 수 있는가에 달려 있습니다.

그 시기까지 공부에 싫증을 낸다면 끝까지 버틸 힘이 없어집니다. 공부에 싫증을 내는지 아닌지는 대학생이 되면 더욱 분명해집니다.

대학생이 되어 노는 데 정신 팔린 아이와 뭔가에 새롭게 도전하는 아이의 차이는 초등학생 시절 얼마나 자유롭게 놀았는지와 관련이 있습니다. 놀이가 필요한 시기에 마음껏 논 아이일수록 그 후에 인생의 중요한 고비마다 필요한 일을 제대로 해 나갈 수 있습니다.

고3 때 공부의 질이 크게 달라진다

아이들을 지켜보면 19세인 고등학교 3학년 때 공부의 질이 크게 변화하는 시기를 맞습니다. 글쓰기로 말하면 지금까지는 평범하게 잘 쓰던 학생이 고3이 되면 월등하게 잘 쓰는 느낌입니다.

때마침 이 시기는 학생들 대부분이 대학 수험 시기에 해당하기 때문에 공부 면에서도 가장 중요한 시기입니다. 19세를 자녀 양육이 한 차례 마무리되는 시기로 본다면, 이때 자주적이고 의욕적으로 행동하는 아이로 키우는 것을 자녀 양육의 목표로 삼습니다.

그러나 물론 19세가 최종 목표라는 건 아닙니다. 사람은 그

후에도 몇 번이고 새로운 일에 도전하고 새롭게 자신을 재창조하면서 살아갑니다. 16세가 학문의 출발점이라고 하면 19세는 도전하는 인생의 출발점입니다.

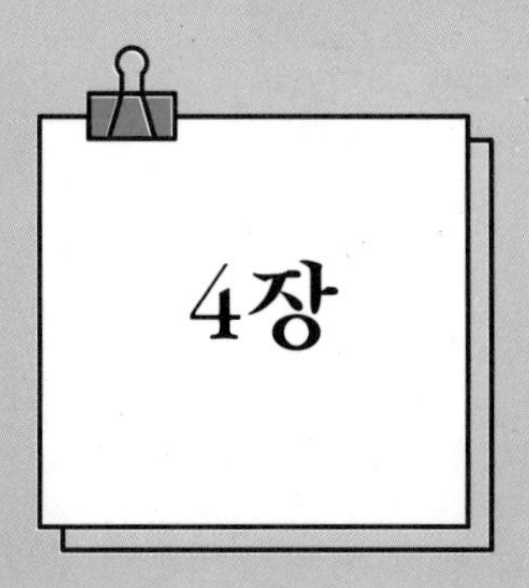
4장

충분히 놀아야
나중에 공부한다

놀이 속에서 개성이 싹튼다

별것 아닌 놀이야말로 아이의 즐거움

아이에게 가장 즐거운 건 노는 시간입니다. 아이들은 가만히 두면 얼마든지 즐거운 놀이를 생각해 냅니다. 놀이가 특별할 필요는 없습니다.

예전에 우리 집 큰아이에게 물안경을 주고 강에 데려갔더니 강에 들어가 내내 물속을 들여다보았습니다. 둘째는 휴일마다 친한 친구들과 근처 공원에 있는 커다란 녹나무 가지에 걸터앉아 몇 시간이나 수다를 떨었습니다. 그런 것도 놀이입니다.

아이는 갖가지 놀이에 열중하면서 자라납니다. 그것들이 모두 소중한 놀이의 경험이고, 그 자유로운 놀이가 아이의 행복감과 창조성을 키워 줍니다.

놀이의 목적은 노는 것 그 자체입니다. 뭔가 다른 목적을 위해서 노는 게 아닙니다. 진흙 경단을 만드는 목적은 진흙 경단을 만드는 것 자체입니다. 그 경단(찹쌀가루나 찰수수 등의 가루를 반죽하여 동그랗게 빚어 만든 떡-옮긴이)을 먹는 것도 파는 것도 아닙니다.

다만 자녀 양육의 관점에서 말하면 놀이에는 또 하나의 목적이 있습니다. 바로 아이의 개성을 발견하는 것입니다.

다양한 놀이를 하면서 아이가 좋아하거나 하고 싶어 하는 것이 무엇인지, 무엇을 할 때 가장 즐거운지 발견하는 것이 놀이의 장입니다.

놀이를 통해 잠재력과 감수성을 키운다

어릴 때 '전파상 놀이'를 좋아했습니다. 좁다란 건물의 지붕과 천장 사이의 빈 공간에 들어가 거기서 갖가지 배선 장치를 가지고 노는 놀이입니다. 같이 놀던 친구는 곧 싫증을 냈지만 나는 언제까지나 그 놀이를 하고 싶어 하곤 했습니다.

깨끗한 표면의 뒤편에 있는 복잡한 배선이나 기계적인 구조를 만드는 일에 관심이 있었던 것입니다. 어른이 된 지금, 그것이 열정을 가지고 조직과 시스템을 만드는 일로 고스란히 이어진 듯합니다. 이처럼 인간은 뭔가에 대한 성향을 지니고 태어납니다.

타고난 성향을 발전시키며 일할 수 있다면 그 사람의 인생은 충실해지며 사회 전체도 풍부한 다양성을 가지게 됩니다. 앞으로는 자신이 좋아하는 일을 추구하고 자신의 개성을 살리는 사람이 점점 더 활약하는 시대가 됩니다.

언제나 거북복(바닷물고기) 모자를 쓰고 있는 물고기 박사 사카나 군('사카나'는 '물고기'라는 의미이며, 어류학자 미야자와 마사유키를 가리킨다-옮긴이)도 그중 한 사람입니다. 사카나 군은 학생 시절에 성적이 별로 좋지 않아서 동경하던 도쿄수산대학에는 지원할 수준이 못 되었습니다. 그러나 그건 학력이 없었기 때문이 아니라 남들과 다른 흥미와 관심이 강해서 학교 공부에 재미를 느낄 수 없었기 때문이었습니다.

사카나 군은 지금 도쿄해양대학(구 도쿄수산대학)의 명예박사·객원 준교수가 되어 그가 가장 좋아하는 어류 관련 지식을 살려서 사회에서 큰 활약을 하고 있습니다.

놀이가 가치 있는 사회로 전환

지금까지는 사회적으로 공부와 일은 '가치가 있는 것'이고, 놀이는 '가치가 없는 것'이었습니다. 그러나 앞으로는 놀이가 가치 있는 사회로 변해 갑니다. 일을 하고 싶은 사람보다 놀이를 하고 싶은 사람이 많아져서 새로운 놀이의 니즈(needs)가 차례차례 생겨나기 때문입니다.

물고기를 단지 음식물로서 관심 있는 사람들뿐이었다면 사카나 군에게는 지금의 직업이 없었겠지요. 놀이로서 물고기를 좋아하는 사람이 늘어났기 때문에 사카나의 놀이가 모두에게 가치가 있는 직업이 되었습니다.

앞으로는 여러 사람이 좋아하는 생물에 맞추어 사카나 외에도 도리(새) 군, 시카(사슴) 군, 우마(말) 군, 가바(하마) 군, 조(코끼리) 군 등이 활발하게 등장할 것입니다.

그 속에서 화도(花道), 다도(茶道), 서도(書道), 검도(劍道) 등과 같이 어도(魚道)라는, 높은 정신성을 수반한 새로운 문화도 탄생할 것입니다.

"그 초밥집 아저씨, 어도(魚道)가 10단이래."

"굉장하네."

이런 대화가 오갈 날이 가깝……지는 않을지 모르겠습니다만, 앞으로는 자신의 길을 추구해 온 사람이 활약하는 사회가 됩니다. 그러기 위해서는 정답이 있는 공부를 열심히 하는 것만으로는 부족합니다. 자유로운 놀이 속에서 창의적으로 생각하는 것이 중요해집니다.

자녀와 함께 노는 시간을 늘려라

꼭 놀이동산이나 여행을 가야 하는 건 아니다

어릴 때 친한 친구 한 명과 매일같이 가까운 들로 나가서 흙을 파거나 벌레를 잡으며 놀곤 했습니다. 고학년이 되어서는 근처 산에서 비밀기지를 만들기도 하고 대나무를 잘라서 활과 화살을 만들면서 하루 종일 놀았습니다.

그러나 지금은 그런 시대가 아닙니다. 도시에 산다면 자연과도 거리가 있는 데다 초등학교 저학년 아이를 혼자 놀러 가게 하는 건 안전 면에서도 우려가 됩니다.

그렇다고 해서 집에만 있으면 텔레비전을 보거나 게임을 하기 십상입니다. 물론 텔레비전도 게임도 즐거워한다면 꼭 금지

할 필요는 없습니다. 그러나 역시 게임 시간을 제한할 필요는 있습니다.

창조적 놀이라는 건 현실과 이어진 놀이입니다. 가상 세계에서의 경험은 대부분 창의적 생각으로 이어지지 않습니다. 그래서 아이와 가장 긴 시간을 보내는 부모님이 다양하게 놀이를 생각해 제안하는 것이 좋습니다.

하지만 아이와 어떻게 놀아야 할지, 뭘 하면 좋을지 생각이 나지 않는다는 분도 있습니다. 부모님도 매일 바빠서 자녀와 즐겁게 놀 기회가 별로 없기 때문에 놀이의 범위가 줄어든 건지도 모릅니다.

그러다 보니 집에서 텔레비전을 보거나 게임만 할 거라면 차라리 학원에 보내는 게 낫겠다고 생각하는 가정도 많습니다.

집에서 놀 기회가 적으면 아이와 놀 때 특별히 계획해서 놀이동산이나 여행을 간다거나, 외식하러 나가는 등 뭔가 거창하지 않으면 놀이가 아니라고 생각하기 쉽습니다.

일상에서 재미있게 노는 법

놀이를 어렵게 생각할 필요는 없습니다. 부모님이 어린 시절에 했던 놀이여도 좋습니다. 일상에서 조금만 생각해 보면 재미있게 놀 수 있는 방법이 떠오릅니다.

집 안에서 혹은 근처 공원이나 가까운 들에서 즐길 수 있는 놀이가 많습니다.

언어의 숲 페이스북 페이지에는 '자녀와 함께 놀자 왕왕왕'이라는 그룹이 있습니다. 가족과 친구와 즐길 수 있는 놀이를 연구하는 곳입니다. 그 놀이를 함께한 아이들의 사진을 찍어 서로 소개하고 교류합니다. 지금까지 있었던 놀이 중에는 다음과 같은 것이 있습니다.

◇ **주사위 놀이**

주사위를 두 개 준비합니다. 엄마와 둘이서 던져서 나온 눈 중 숫자가 더 큰 쪽이 이기는 게임입니다. 이 정도로도 충분히 재미있게 놀 수 있습니다. 나온 숫자를 더하면 수학 공부도 됩니다.

◇ **끝말잇기**

아이와 장을 보러 갈 때나 산책 중에 가볍게 끝말잇기를 할 수 있습니다. 좀 더 수준을 높여서 하려면 동물 이름, 음식 이름 등으로 종류를 한정하거나 두 글자, 세 글자 등 글자 수를 제한하는 방법이 있습니다.

◇ **풍선 배구**

방 한가운데 비닐 끈을 쳐서 네트를 대신하고 풍선으로 배구를 합니다. 반드시 자기편에게 패스한 후 상대편으로 공을 보낸다는 규칙을 정해 두면 어린아이도 즐겁게 참여할 수 있습니다.

◇ **비 오는 날이면 외출을**

비가 오는 날이면 비옷과 장화 차림으로 외출을 합니다. 집 안에 가만히 있으면 아이도 어른도 스트레스가 쌓이기 쉽습니다. 바깥에서 달팽이를 찾거나 물웅덩이에서 첨벙대기도 하고, 지붕에서 떨어지는 낙숫물을 우산으로 받는 등 평소와는 다른 경험을 할 수 있습니다.

더러워져도 괜찮은 옷을 입고 나갔다가 돌아와 목욕이나 샤워를 하면 부모님 마음도 한결 편안합니다.

◇ **휴일에 근처 공원에서 아침을**

휴일 아침, 돗자리를 들고 나가 근처 공원에서 밥을 먹는 것도 아이에게는 즐거운 경험이 됩니다. 밖에서 먹으면 아이들 대부분이 평소보다 많이 먹는다는 게 신기합니다.

아이의 새로운 면을 발견할 수 있다

아이는 부모님과 함께 있기만 해도 즐겁게 시간을 보냅니다. 특별히 비용을 들일 필요는 없습니다. 부모님 스스로 자신이 아이라면 해 보고 싶은 걸 하면 됩니다.

집에서 할 게 없다면 텔레비전 대신 카드놀이도 좋습니다. 카드가 없다면 종이를 잘라서 만들 수도 있습니다.

특별히 갈 곳이 없다면 근처를 산책하기만 해도 좋습니다. 평소와 다른 길을 걷다 보면 새로운 발견을 하기도 합니다. 작은 플러스알파로 모든 것이 놀이로 바뀝니다.

아이와 함께 놀면서 부모님은 아이의 새로운 면을 발견할 수 있습니다. '이 아이는 이런 걸 좋아했구나' 하고 자연스럽게 발견하게 됩니다.

놀이를 생각할 때 《아빠 놀이 백과사전》이나 《집에서 하는 몬테소리 놀이 150》 등을 추천합니다. 그 밖에 인터넷에도 다양한 놀이 정보가 있습니다.

엄마 아빠가 동심으로 돌아가 자신이 아이라면 해 보고 싶은 새로운 놀이를 아이와 함께 도전해 봅니다. 이렇게 생각하면 아이보다 부모님 가슴이 더 두근거릴지도 모릅니다.

특별한 장난감이 없어도 아이는 열중한다

나뭇조각과 돌멩이로 상상력이 자란다

놀이가 아이의 개성을 발견하는 장이라고 하면 놀이를 선택할 때 하나의 기준이 생겨납니다. 그것은 도구를 사는 놀이나 이미 있던 놀이가 아니라 가능한 한 손수 만든 놀이를 소중히 한다는 것입니다.

예를 들면 진흙 경단 만들기 교실에서 아이들 각자에게 진흙을 한 봉지씩 나눠 주고 "자, 깨끗하게 손 씻고 나서 진흙으로 경단 만들기를 시작합시다. 먼저 소금을 넣습니다." 이렇게 정해진 순서대로 하게 한다면 아이가 손수 진흙 경단을 만드는 기쁨은 그만큼 제한되어 버리겠지요.

진흙 경단은 자기 마음대로 만들 수 있어서 즐겁습니다.

아이들이 좋아하는 놀이 중에는 인기리에 판매되는 것도 많아서 처음에는 그걸 이용해도 좋습니다. 레고와 미니카, 프라레일과 리카 인형, 실바니안 패밀리 세트 등 여러 가지가 있습니다.

물론 이것들도 대단히 좋은 장난감이긴 하지만 주어진 틀 안에서 즐기는 놀이입니다. 그 틀을 벗어나 자유롭게 노는 과정에서 아이의 창조성이 자라납니다.

예를 들어 새로운 레고 모양을 만들고 싶을 때, 새로 세트를 마련하는 것이 아니라 이렇게 생각해 봅니다. '레고의 본질은 블록의 조합으로 모양을 만드는 것이므로 나뭇조각으로도 대신할 수 있고, 오히려 그편이 한층 더 큰 가능성이 있을 것 같다'라고 말입니다.

어릴 때 집 근처에 목공소가 있었는데 그곳 작업장에서 나뭇조각을 잔뜩 얻어 와서 그걸로 갖가지 놀이를 했습니다. 아이는 상상력이 풍부해서 나뭇조각 하나가 비행기가 되기도 하고 배나 스포츠카가 되기도 합니다.

그러나 지금 레고 만들기에 열중하는 아이에게 엄마 아빠가 나뭇조각을 두세 개 가져다주고 "이걸로도 뭔가 만들 수 있을지도 몰라"라고 한다면 아이는 별로 마음이 끌리지 않습니다.

중요한 건 먼저 나뭇조각을 산처럼 수북하게 쌓아 두는 것입니다. 물론 지금은 근처에 목공소가 있는 일은 드물기 때문에 온라인 숍을 이용하게 되지만, 목재로 쓰고 남은 조각이라 넉넉히 구입해도 큰 비용이 들지는 않습니다. 만약 사용하지 않아서 남는다면 실외에서 바비큐를 할 때 불쏘시개로 사용하면 됩니다.

많은 양의 종이와 색연필, 점토

아이는 종이에 그림을 그리거나 점토로 모양을 만드는 걸 좋아합니다. 아득한 옛날, 원시인이 동굴 벽에 그림을 그리고 점토로 토기나 토우를 만들던 기억이 무의식 속에 남아 있기 때문일지도 모릅니다.

그리기와 만들기는 다양한 제작 방법을 자유롭게 선택할 수 있습니다. 아이가 이 놀이를 즐길 수 있게 하려면 잘한다, 못한다 하는 기준으로 평가하지 말고, 그리거나 만든 것 자체를 인정해 주는 태도가 중요합니다.

그리기와 만들기는 원시시대부터 계속되어 온 놀이입니다. 아이가 이 놀이를 즐기려면 재료를 준비하면 됩니다. 먼저, 종이와 색연필을 넉넉히 준비해 둡니다. 이때도 '넉넉히'가 중요합니다.

스케치북처럼 좋은 데 그리다가 실수하면 아깝다는 생각이 들지만 실수나 낭비를 두려워하지 않고 풍족하게 사용할 수 있도록 넉넉히 준비해 두는 것이 그리기를 좋아하게 하는 요령입니다.

종이를 낭비하는 것처럼 보여도 그렇게 해서 그리기를 좋아하게 된다면 낭비한 보람이 있겠지요.

마찬가지로 만들기를 할 때도 충분한 점토와 넓은 점토판을 준비해 둡니다. 충분한 점토로 기대감에 차서 세상에 하나뿐인 자신만의 토기를 만듭니다.

곤충채집망으로 만든 농구 골대

여름철이라면 하루 종일 물놀이를 하며 놀 수 있습니다. 물대포는 마요네즈 용기를 따로 모아두었다가 송곳으로 뚜껑에 구멍을 내면 간단히 만들 수 있습니다.

예전에는 아이들이 학교에서 돌아오면 학원 같은 데 가지 않고 다 같이 모여 놀았습니다. 깡통 차기 놀이를 하거나 숨바꼭질을 하고, 자유롭게 뭐든 할 수 있었습니다.

지금은 친구와 논다고 해도 인원이 적을 때가 많습니다. 그럴 때도 두 사람만 있으면 원온원(one-on-one) 농구 게임을 할 수 있습니다. 적당히 높이가 있는 나뭇가지에 곤충채집망을 동여매면 아이의 키 높이에 맞춘 농구 골대가 완성됩니다.

우리 아이가 초등학생일 때 때마침 《슬램덩크》라는 만화가 유행해서 많은 아이가 농구에 빠져 지냈습니다. 그래서 근처 공원에 있는 나무에다 곤충채집망으로 농구 골대를 만들어 주었더니, 같은 반 아이들이 모여서 다 같이 농구를 하기 시작했습니다.

즉석에서 만든 골대기 때문에 놀이가 끝난 후 정리하면 원상복귀가 됩니다. 즉석 농구 골대로 휴일이면 종종 다 같이 농구를 하며 놀곤 했습니다.

아이와 함께하는 실험적인 놀이

수박 껍질로 벌레를 모으고, 비닐봉지로 기구를 만든다

게임을 하는 기분으로 국어 공부를 하거나 계산 연습을 하는 건 놀이적인 공부입니다. 반대로 해시계를 만들어 보거나, 과학 실험이나 천체 관측을 해 보는 놀이는 공부적인 놀이입니다. 아이가 이런 놀이 분야에 흥미가 있다면 놀이에도 지적인 요소가 더해집니다.

아동용 과학책을 읽다 보면 때때로 직접 해 보고 싶은 마음이 생겨납니다. 그러나 대개 그러려면 여러 가지 준비가 필요해서 아이는 책 내용을 단순히 지식으로 읽고 이해하는 선에서 끝내고 맙니다.

"여기 있어!"

개성은 행위를 통해 발견될 때가 많습니다. 좋아한다고 생각했는데 막상 해 보니 의외로 그렇지 않거나, 흥미가 없다고 생각했는데 해 보니 완전히 빠져드는 경우가 있습니다. 그래서 일요일에는 주제를 정해서 가볍게 할 수 있는 실험을 해 보면 좋습니다.

실험이라고 해도 그리 대단한 건 아닙니다. 여름철이라면 근처 산에 있는 상수리나무의 밑동에 수박 껍질을 놓아두고 다음 날 아침에 살펴보는 것도 실험입니다. 다만, 살펴보러 가는 걸 잊어버리면 그저 쓰레기를 버려두고 온 셈이 되지만요.

마찬가지로 여름철이라면 해 질 녘 공원에 있는 커다란 나무 주위에 매미 유충이 붙어 있는 것이 눈에 띕니다. 가능한 한 조심스럽게 그걸 집으로 가져와서 커튼 같은 데에 붙여 두면 집 안에서 번데기에서 성충이 되는 우화(羽化) 현상을 지켜볼 수 있습니다. 조심스럽게 가져오지 않으면 우화가 실패할 수 있으므로 주의합니다.

추운 겨울날이라면 검은 비닐봉지를 사용해서 대기와의 온도 차를 이용한 기구를 만들 수 있습니다. 다만 적당히 얇은 비닐봉지를 준비하는 것과 태양열만으로 온도가 충분치 않을 때는 드라이어를 사용해야 하는 등 조금 일이 커지는 실험이 될지도 모릅니다.

엄마 아빠가 어린 시절에 한 놀이나 해 보고 싶었던 놀이를 아이와 함께하면 좋습니다.

스마트폰을 이용해서 아이와 실험하는 것을 동영상으로 찍은 후 유튜브에 업로드하면 실험 경과를 가족의 놀이 기록으로 남길 수 있습니다. 나아가 다른 가족과도 놀이를 공유할 수 있습니다.

도구를 사용한 놀이

부모님의 감독 아래 도구를 사용하게 한다

놀이의 진정한 기쁨은 스스로 놀이를 생각할 수 있고, 아이 나름의 작은 발명과 발견을 할 수 있다는 점입니다. 이때 필요한 건 아이 스스로 사용할 수 있는 도구와 기량입니다.

제가 초등학생 때는 근처 아이들 누구나 접이식 칼을 가지고 있었습니다. 주머니칼은 막과자 가게 같은 데서도 팔았습니다.

언제나 주머니에 그 칼을 넣고 다니다가 활과 화살을 만들기도 하고 밤을 따서 껍질을 벗기기도 하며 놀았습니다.

칼날이 있기 때문에 서너 번은 꼭 손가락에 상처가 납니다. 그러면 그 경험으로 칼날 끝에 손이 닿으면 위험하다는 걸 체

감합니다. 그런 다양한 경험을 거쳐서 도구를 능숙하게 다룰 수 있게 됩니다.

놀이 속에서 기량을 익히고 그 기량으로 놀이가 더욱더 폭넓게 전개됩니다. 그런 상승하는 나선형이 있다는 것이 놀이의 즐거움입니다.

사실 이 나선형 상승의 즐거움은 공부의 즐거움이기도 합니다. 인류가 과학 기술을 발전시켜 온 이유는 단순히 알고 싶은 것과 실현하고 싶은 것이 있었기 때문만은 아니며, 새로운 고안으로 새로운 것을 알게 되고 그것이 또 새로운 고안을 낳는다고 하는, 나선형 상승에 즐거움이 있었기 때문입니다.

놀이의 즐거움과 학문의 즐거움은 사실은 같은 종류입니다. 학문의 즐거움을 느끼기 위한 수단은 하나하나의 공부인데, 학문의 세계는 나선형으로 크게 펼쳐지기 때문에 그 즐거움을 느끼게 될 때까지는 공부라고 하는 지루하고 긴 접근 과정이 필요합니다.

이에 비해 놀이는 같은 나선형이지만 작게 펼쳐지기 때문에 쉽게 재미를 느낄 수 있습니다. 이를 위한 첫 번째 준비는 아이가 도구를 사용할 수 있게 하는 것입니다. 부모님의 감독 아래 날붙이를 사용해 물건을 만들거나 식칼을 사용하여 음식을 만드는 데 익숙해지면 좋습니다.

탈것에 익숙해지는 연습

예전에는 아이가 걸어서 갈 수 있는 거리에 놀이터가 많았습니다. 지금도 물론 놀 수 있는 장소는 있지만 자전거나 교통수단을 이용하면 놀이의 범위가 더욱 넓어집니다.

아이가 혼자서 멀리 외출하는 경우, 먼저 익혀 두어야 할 것은 교통 규칙입니다. 자전거를 타고 구부러진 도로를 달리는 건 실제로 달려 보지 않으면 알 수 없습니다. 또 길을 잃었을 때나 자전거 타이어에 펑크가 났을 때 어떻게 대처해야 할지 등 조금 수준 높은 지식도 익혀 둘 필요가 있습니다. 물론 아이가 할 수 있는 범위 안에서 하면 되므로 혼자서 타이어 펑크를 고치기는 힘들더라도 주위에 도움을 청하는 응용력이 있으면 됩니다.

또 밖에 나가서 행동하는 데는 반드시 사람과의 관계가 생기기 마련이므로 인사 나누기, 감사 인사하기, 전화 걸기 등 사회생활의 예절도 가르쳐 둡니다.

얼핏 보기에 놀이와는 관계가 없어 보여도 이런 준비는 아이가 스스로 놀이를 생각해 내는 즐거움의 토대가 됩니다.

아이가 버스 같은 탈것에 약하다면 놀이의 범위에 제한이 생깁니다. 그럴 때는 멀미약을 먹는 방법도 있지만 어떻게 하면 스스로 차멀미를 극복할 힘을 기를지도 생각해 둡니다. 예를 들어 버스 타는 데 익숙해지는 연습을 의식적으로 하는 방법도 있습니다.

즐거움을 지탱해 주는 기량을 먼저 습득해야 놀이의 기쁨을 만끽할 수 있습니다.

지금 가장 대세 놀이는 프로그래밍

스스로 새로운 길을 찾다

배우는 일에는 공부뿐만 아니라 놀이의 요소가 있는 것도 있습니다. 축구, 야구, 수영, 댄스, 회화, 음악 등 스포츠와 예술 계통이 특히 그렇습니다.

그러나 놀이처럼 보여도 지나치게 관리를 하면 어떤 정해진 길 외에 다른 길을 선택할 여유가 없어지고 출구가 한곳으로만 좁혀집니다.

만약 술래잡기와 숨바꼭질이 올림픽 경기 종목이 된다면 다양한 규칙과 제약이 생길 것이고 더 이상 아이가 일상적으로 즐기는 자유로운 놀이가 아니게 됩니다. 그리고 우연히 놀다가 기량이 뛰어난 아이가 스카우트되면 출구가 정해진 길로 들어서 버리겠지요.

이렇게 생각하면 배우는 일에 놀이의 요소가 있다고 하더라도 아이의 자유로운 시간을 통째로 침해하지 않는 배려가 필요합니다. 지금까지 인간의 성공은 정해진 외길에서 높은 위치로 올라서는 것이었습니다. 그러나 앞으로의 성공은 그것만이 아닙니다. 왜냐하면 걸어갈 길의 수가 더 많아지기 때문입니다.

스스로 새로운 길을 만들고, 새로운 출구를 발견하는 창조의 가능성이 앞으로는 좀 더 커질 것입니다.

인류가 70억 명이나 되면 아무리 올림픽 경기 종목 수를 늘려도 전 인류가 메달을 받을 수는 없습니다. 그러나 스스로 출구를 발견하면 70억 개의 출구를 꿈꾸는 것도 불가능한 일은 아닙니다.

아이들의 새로운 놀이터, 프로그래밍

프로그래밍은 앞으로 아이들에게 새로운 놀이터입니다. 왜냐하면 출구가 많이 있고, 그에 따라 나아갈 길도 다양하게 발견할 수 있는 놀이이기 때문입니다.

2020년부터 초등학교에서도 프로그래밍 교육이 이뤄지고 최근에는 프로그래밍 학원도 많이 늘었습니다.

그러나 프로그래밍 교육은 단순한 프로그래밍 언어 교육이 아닙니다. 그런 언어를 사용해서 프로그래밍할 수 있다는 걸 이해하고, 자신도 프로그래밍을 만들어 보고 싶게 하는 교육입니다.

프로그래밍은 얼핏 보면 인공적인 놀이처럼 보이지만, 어떻게 사용하는지에 따라 자연을 접목한 놀이가 됩니다.

처음에는 프로그래밍의 간단한 규칙을 배웁니다. 어떤 놀이라도 처음에 규칙을 모르면 놀이 자체가 시작되지 않기 때문입니다. 그러나 규칙대로 길을 따라가서 정해진 출구로 빨리 나

오는 것이 정답은 아닙니다. 그 규칙을 사용해서 스스로 다른 출구를 발견해 볼 수 있습니다. 프로그래밍의 재미는 규칙을 배우는 것보다도 그 규칙을 토대로 새로운 것을 스스로 시도해 보는 데 있습니다.

예전의 프로그래밍은 웹페이지를 제작하거나 소프트웨어를 만드는 것이 놀이의 중심이었습니다. 앞으로는 전자 공작과 접목하여 움직이는 자동차나 로봇을 만드는 것이 놀이의 중심이 됩니다.

그렇게 되면 놀이의 출구는 지금보다 더 늘어나며, 그리기와 만들기처럼 누구나 자기 나름의 놀이를 할 수 있게 됩니다.

프로그래밍이라고 하는 놀이는 공부와 업무에도 활용할 수 있습니다.

이 놀이를 아이들만 하기에는 아까우므로 앞으로는 자녀와 함께 배울 수 있는 프로그래밍을 놀이 계획 속에 넣으면 좋습니다. 무료로 배울 수 있는 프로그래밍 앱도 다양하게 나와 있습니다.

프로그래밍의 재미와 함께 앞으로 새롭게 생겨나는 놀이는 정보 기기를 활용한 놀이입니다.

지금은 스마트폰의 앱을 이용해서 새소리로 새 이름을 알아보거나, 길가에 있는 식물의 영상으로 식물 이름을 찾을 수 있습니다. 여기에 위치 정보와 지도 앱과 카메라의 기능을 조합하여 소셜 네트워크로 공유하면 기존의 게임보다 훨씬 재미있는, 자연을 활용한 게임을 만들 수 있습니다. 미래에는 놀이의 가능성이 무한히 펼쳐져 있습니다.

자연 속에 푹 빠질 수 있는 '채집 체험'

왜 바다와 강에 끌리는 걸까?

"송사리가 한 마리 있습니다. 거기에 한 마리를 더 넣었습니다. 송사리는 모두 몇 마리가 되었을까요?"

이것이 문제집의 문제라면 답은 당연히 두 마리입니다. 그러나 자연계라면 송사리는 세 마리, 네 마리, 어쩌면 좀 더 많아질 수도 있습니다. 다만 잘 보살펴 주지 못하면 한 마리도 남아 있지 않을지도 모릅니다.

인공의 세계는 만들어진 다양성만 존재하지만, 자연의 세계는 예측할 수 없는 경우까지 포함하여 무한한 다양성이 존재합니다. 그러므로 같은 놀이라면 인공적인 놀이보다 자연적인 놀이가 개성을 발견할 확률이 높습니다. 다만, 생각만큼 잘되지 않을 때도 있다는 것이 자연계의 어려운 점입니다.

낚시터에서 낚시하면 대부분 몇 마리는 잡을 수 있습니다. 그러나 낚시터에 몇 번이고 가고 싶어 하는 아이는 별로 없습니다. 강이나 바다로 낚시를 하러 가면 큰 물고기를 잡아서 크나큰 기쁨을 맛보는 날도 있고, 아무것도 잡지 못하고 빈손으로 돌아오는 날도 있습니다.

아이는 왠지 결과를 전혀 알 수 없는 이런 낚시를 매일이라도 가고 싶어 합니다. 실패하지 않는 것이 제일이라고 생각한다면 인공적인 쪽이 안심입니다. 그러나 아이 가슴을 정말로 뛰게 하는 건 자신의 궁리로 잘될 가능성이 있는 자연의 놀이입니다.

그러나 그것도 경험해 보지 않으면 좀처럼 알 수 없습니다. 아이에게 궁리할 여지가 있는 자연의 놀이가 가진 즐거움을 전해 주는 것도 어른이 해야 할 중요한 역할입니다.

물고기를 잡거나 나무 열매를 줍거나

인간의 성장을 인류 역사에 빗대어 보면 초등학생 아이는 석기시대를 살고 있다고 말할 수 있습니다. 석기시대를 살고 있는 아이들이 가장 즐거워하는 놀이는 '잡거나 모으기'입니다.

벌레나 물고기를 발견하면 아이들 대부분은 우선 쫓아가서 잡으려고 합니다. 나무 열매가 달려 있거나 조개가 떨어져 있으면 가능한 한 많이 모으려고 합니다.

여기에서 "살아 있는 걸 잡으면 가엾잖아"라든가 "떨어져 있는 건 더러우니 가게에서 사자"라는 건 석기시대에서 아득한 역사를 지나온 현대인의 가치관입니다.

성장하면서 바뀌지만 각 연령대에 어울리는 아이의 기쁨이 있습니다.

살아 있는 것을 잡는 기쁨과 함부로 살생하지 않는 사고(思考)를 양립시키는 것이 현대를 살아가는 어른의 역할입니다. 바닥에 떨어진 것을 모으는 기쁨과, 안전과 위생을 염려하는 사고를 양립시키는 것이 어른인 엄마 아빠의 역할입니다.

석기시대의 인간이 잡거나 모으는 일 외에 기쁨을 느낀 건 작은 움집에서 화로에 불을 피우고 잡아 온 물고기를 구워 먹으며 그날 있었던 자랑거리를 모두와 나누는 것이었겠지요.

집 안에 작은 텐트를 쳐 두면 아이는 일부러 그 좁은 텐트에 들어가 땀을 흘리면서 놉니다. 또 실외에 불을 피워서 바비큐 같은 걸 하면 꼭 불을 가지고 놀려고 합니다. 아직 석기시대를 사는 아이는 불이 타오르고 있으면 왠지 즐거워져서 참을 수가 없습니다.

살아 있는 것을 잡거나 야산에서 텐트 생활을 해 보는 건 어린 시절이기에 몰입할 수 있는 놀이입니다. 그리고 그 몰입이 어른이 된 후 기쁨으로 살아가는 토대가 됩니다.

산과 바다로 나가서 바비큐를 하는 건 익숙해지면 생각날 때 언제라도 할 수 있는 즐거운 놀이입니다. 취사용 도구나 텐트 같은 캠핑용품을 마련하는 건 처음 시작할 때뿐입니다.

"아빠, 우리 뭐 하며 놀까요?"
"○○에 가서 바비큐라도 할까?"

이렇게 가벼운 마음으로 시작할 수 있습니다. 사실은 근처 공원 어디서든 이런 걸 할 수 있다면 더할 나위 없지만 말이지요.

아이들의 친구, 반려동물

반려동물의 죽음은 아이의 성장으로 이어진다

아이들은 누구나 동물을 좋아하지만, 더 열정적으로 좋아하는 아이는 어린 시절 주변에 동물과 함께한 경우가 많습니다.

같은 동물이라도 사람을 따르면 특히 애착이 갑니다. 그 대표 격으로, 기르기 쉽다는 점에서 말하자면 개와 고양이, 새 정도가 있지요. 새 중에서도 집단행동을 하는 문조나 잉꼬는 사람에게 정이 들면 마치 자신과 같은 무리라고 생각하는 듯 사람 곁을 떠나지 않고 놉니다.

살아 있는 것을 기를 때 주의할 점은 먼저 그 생물의 특성을 잘 알아 두는 것입니다. 또 가능하면 그 당시에 유행하는 반려동물은 피하는 것이 좋습니다. 유행에 편승하여 마구 팔리는 경우가 많기 때문입니다.

같은 개라도 종류에 따라 털이 잘 빠지는 개, 빠지지 않는 개, 잘 짖는 개, 별로 짖지 않는 개, 누구든 잘 따르는 개, 주인만 따르는 개 등 다양합니다. 이런 특성을 알아보지 않고 단지 귀엽다는 이유만으로 선택하면 나중에 난처한 일이 생기기도 합니다.

반려동물을 기르다 보면 반드시 그 동물의 마지막을 맞을 때가 찾아옵니다. 여기서 즐거웠던 추억이 더 이상 돌아오지 않는다고 생각하는 게 아니라, 지금까지 함께하며 즐거웠던 추억에 감사하는 자세가 중요합니다. 슬픔이 아니라, 즐거웠던 추억에 눈을 돌립니다.

아이가 인생을 살아가다 보면 슬픔을 극복해야 할 상황이 여러 번 찾아옵니다. 이런 일도 아이에게는 하나의 성장으로 이어집니다.

부담 없이 키울 수 있는 금붕어나 투구벌레

개와 고양이, 새와는 달리 좀 더 손쉽게 기를 수 있는 생물도 있습니다. 물고기나 벌레 같은 종류입니다. 손쉽게 기를 수 있는 만큼 쉽게 죽게 하는 일도 많지만, 이것도 지나치게 엄격하게 '생명의 소중함'이라는 말로 가로막지 않는 편이 좋겠지요. 초등학생 아이는 석기시대를 살고 있기 때문입니다. 그리고 기왕에 기른다면 아이가 지루해하지 않는 범위에서 기르는 법을 공부할 수 있도록 책을 준비해 주면 좋습니다.

또 연못에서 잡아 온 올챙이를 개구리로 부화시킨 후 연못에 도로 놓아주는 일은 있어도 분위기에 휩쓸려서 사 온 늑대거북을 기르지 못하게 됐다고 연못에 놓아주는 건 좋지 않습니다.

'아파트이기 때문에 반려동물은 기를 수 없다', '천식이 있어서 동물은 기르지 못한다' 같은 이유가 있을 때도 있습니다. 그러나 이런 경우에도 그대로 포기하는 것이 아니라 아파트에서도 기를 수 있는 생물을 찾아보거나 천식에 영향이 없는 생물을 생각해 보는 등 다른 궁리를 할 수 있습니다.

인공의 세계에서는 할 수 있는 것과 할 수 없는 것이 디지털적으로 명확하게 구분되지만, 자연의 세계는 다양하게 궁리할 수 있는 여지가 있습니다. 그러므로 뭔가 대체할 방법을 찾으면 됩니다.

아이는 다양성이 넘치는 자연 속에서 다양성을 안고 있는 생물과 생활하면서 세상에는 버튼을 클릭하는 것만이 아닌 다양한 대응이 있다는 것을 배워 갑니다.

📖 베란다에 작은 새와 나비를 불러들인다

반려동물을 기르는 건 힘들지만 야생의 생물과 가까이 접하는 방법은 여러 가지가 있습니다. 야생의 생물이라고 해서 사자나 영양을 말하는 건 아닙니다.

베란다에 귤나무를 심어 놓으면 호랑나비가 알을 낳으러 찾아옵니다. 유충에서 번데기가 되고, 이윽고 나비가 되는 모습을 지켜보면 감동이 밀려옵니다.

또 베란다에 음수대를 만들거나, 먹이를 놓아두면 얼마 안 가 작은 새가 날아듭니다. 산비둘기가 찾아드는 정도는 괜찮지만 집비둘기나 까마귀 무리가 차례로 날아오면 이웃에게 폐가 될 수 있습니다. 그때는 참새 정도가 지나다닐 만한 크기의 그물망을 먹이 위로 덮어 두면 비둘기나 까마귀가 상황을 인식하고 더 이상 찾아오지 않습니다. 처마 밑에도 까마귀가 들어가지 못할 정도로 좁은 받침대를 만들어 놓으면 머지않아 제비가 날아듭니다.

참새라면 새집 상자를 놓아두면 곧 거기다 둥지를 틀기 시작합니다. 지금은 둥지를 만들 만한 틈새가 있는 집이 많지 않아서 참새가 생활할 공간이 부족하기 때문입니다. 둥지 근처에 웹 카메라를 설치해 두면 반려동물을 기르는 느낌으로 매일 참새 가족의 모습을 관찰할 수 있습니다.

세심한 사람이라면 베란다에 바이오토프(biotope, 야생 생물의 생식 공간-옮긴이)를 만들어 송사리나 누마새우, 잠자리의 유충이나 게를 기를 수도 있습니다.

그러나 이것도 부모님이 주도해서 하기보다는 생물 기르기 같은 도감을 준비해서 아이가 스스로 흥미를 갖는 선에서 시작하면 좋습니다. 부모님의 역할은 아이가 좋아하는 것을 발견하도록 돕고, 그 개성을 키워 주는 것이기 때문입니다.

5장

공부머리 있는 아이로 키우기

일생의 보물이 되는 추억을 듬뿍

칭찬받은 기억은 오래 남는다

언어의 숲에서는 글쓰기라는 성격상 입시가 끝났다고 해서 교실 수업을 그만두는 일은 별로 없습니다. 초등학교 저학년 때 시작해서 고교생이 될 때까지 계속하는 아이도 많습니다. 도중에 입시 때문에 그 기간만 중단하더라도 시험이 끝나면 다시 이어가는 아이도 많습니다.

오래 다니는 아이 중에는 수업을 마치고 집에 갈 때 착각하고 '다녀오겠습니다' 하는 아이도 있고, 깜빡하고 선생님을 엄마라고 부르는 아이도 있습니다. 어릴 때부터 접한 장소와 사람은 아이에게 가정과 가족같이 자리하기 때문입니다.

어느 날 어릴 때부터 우리 교실에 다니던 한 학생과 잡담을 하던 중 그 아이가 저학년일 때 초등학생 신문에 실린 작문 이야기가 나왔습니다.

"그러고 보니 ○○야,
초등학교 2학년 때 네 작문이 신문에 실렸었지?"
"네, 그땐 정말 기뻤어요. 하지만 심사평에 '가'와 '까'를
구별하여 씁시다, 라고 쓰여 있던 게 조금 창피했어요."

아이는 초등학교 저학년 때의 일을 또렷이 기억하고 있고, 그 일은 아이 마음에 계속 자리하는 추억이 되었습니다.

이 시기에 칭찬받은 기억은, 과장이 아니라 평생 아이의 자신감으로 이어집니다. 반대로, 이 시기에 좋지 않은 평가를 받은 일은 평생까지는 아니더라도 상당히 오랫동안 낮은 자존감으로 이어집니다.

초등학교의 첫 3년은 저마다 아이에게 그 후 인생의 색채를 결정지을 만큼 소중합니다.

부모님에게도 보물 같은 시간

가끔 아이가 어릴 때 사진을 보다 보면 세월이 흘러도 그때의 상황과 대화가 또렷하게 떠오릅니다. 아이가 초등학교 저학년 때는 부모님도 대부분 30, 40대로 바쁜 시기여서 아이 못지않게 자신의 생활에 쫓기게 마련입니다.

부모님은 자신의 생활이 아이에게 휘둘린다고 느낄 때도 많습니다. 그러나 시간이 지난 후 돌아보면 손이 많이 가는 시기는 불과 한순간이고, 그 짧은 시절의 추억은 소중한 보물이 됩니다.

아이는 자라서 효도를 하는 것이 아니라, 어린 시절을 보내

며 부모님과 함께하는 다양한 관계 속에서 이미 나름의 효도를 하는 셈입니다.

아이는 초등학교 시절을 보내는 동안 부모님에게 좋은 기억을 듬뿍 선사하면서 자랍니다. 다만 그것이 힘이 드는 일이거나 성가신 일이기도 하며 문제가 있는 일이기도 할 뿐입니다.

충분히 여유 있는 시간 속에서 아이는 자기 인생의 색채를 선택하고 자신다운 색을 칠하기 시작합니다. 그리고 엄마 아빠의 추억에도 알록달록 색칠하려고 합니다. 가끔 실제로 벽에다 색칠하는 일도 있지만요.

우리 집 아이도 하얀 벽에 매직으로 거침없이 그림을 그릴 때가 있었습니다. 우쭐거리듯이 자신이 그린 그림을 바라보는데 이미 엎질러진 물이어서 이렇게 칭찬해 주었습니다.

"우와, 굉장하네. 예술가구나."

그런 일은 모두에게 오랫동안 좋은 추억으로 남습니다.

행복한 어린 시절 선물하기

현재를 행복하게 산다는 것

아이는 미래를 준비하기 위해서가 아니라 현재의 행복을 맛보기 위해서 살아갑니다.

이렇게 생각하게 된 건 어떤 인물의 전기를 읽고 나서입니다. 주인공의 형은 어릴 때부터 신동이라 불렸고, 주인공은 항상 열등감을 안고 있었습니다. 부모님은 특히 형에게 큰 기대감을 안고 교육에 힘을 쏟았습니다.

그러던 어느 해 형은 한창나이에 유행병으로 갑자기 세상을 떠납니다. 상심한 부모님은 주인공의 교육에도 손을 놓아버려 그는 공부의 'ㄱ' 자도 듣지 못하는 환경에서 오히려 하고 싶은 걸 마음껏 하는 어린 시절을 보냅니다. 그렇게 성장한 그는 마침내 훌륭한 기업가가 됩니다.

이 이야기를 읽었을 때 아직 어린 제 아이들을 보면서 현재를 행복하게 사는 것이 아이에게도 부모님에게도 가장 소중한 일이란 걸 깨달았습니다. 그 후 가끔은 그날의 깨달음을 잊을 때도 있었지만요.

그래서 아이가 하고 싶어 하는 건 주저 없이 하게 했습니다. 그것은 어머니가 저를 그렇게 키워 왔기 때문이기도 합니다. 저는 어머니에게 한 번도 엄한 말을 들은 적이 없습니다.

초등학생 때 여름방학이 끝나기 전날 밤, 만들기 숙제를 전혀 하지 않은 걸 알았습니다. 어머니에게 그 말을 꺼내니 다정하게 이렇게 말했습니다.

"엄마가 뭐든 만들어 줄 테니 걱정하지 마."

어머니는 밤늦은 시간까지 만들기 숙제를 해 주었습니다. 어떻게 시간을 아는가 하면, 밤에 문득 잠이 깼는데 옆방에서 불빛이 새어 나왔습니다. 미닫이문 틈새로 살짝 들여다 보니(그런 시대였습니다), 어머니가 조용히 뭔가를 만들고 있었습니다.

다음 날 아침에 보니 마분지로 만든 움직이는 엘리베이터였

습니다. 나는 그걸 가지고 의기양양하게 학교에 갔습니다.

세상의 어머니는 누구나 보이지 않는 곳에서, 많든 적든 이런 수고를 하고 있습니다.

성적이 좋고 나쁜 건 다음 문제

아이가 느낄 현재의 행복을 소중히 하기 위해서는 특히 성적을 지나치게 염려하지 말아야 합니다. 성적이란 건 타인과의 비교입니다. 상대평가도 물론 그렇지만 절대평가인 경우도 전체와 비교를 하고 게다가 거기에 성적을 평가하는 사람의 주관이 들어갑니다.

아이를 비교하기 시작하면 현재를 즐겁게 살아가기보다 비교의 세계에서 지지 않기 위해서 지금은 힘들어도 어쩔 수 없다고 생각하게 됩니다.

성적을 염려하지 않기 위해서는 성적이 좋고 나쁜 건 관계없다고 하는 확신이 필요합니다. 그 확신은 평소에 아이와 나누는 소통에서 생겨납니다.

아이와 함께 책을 읽고 놀며 대화를 나누다 보면 성적 같은 건 보지 않아도 대략의 실력을 알 수 있습니다. 실력을 알면 성적은 곧 그 실력까지 끌어올릴 수 있습니다.

부모님이 자녀에게 하는 잔소리의 대부분은 성적에 관한 것이므로 실력이 있으면 염려 없다고 믿는다면 아이에게 잔소리하는 일은 거의 없어집니다.

그 대신, 태도에 대해서만큼은 주의하지 않으면 안 됩니다. 태도는 자연히 형성되지 않기 때문입니다. 예를 들면, 신발을 벗으면 가지런히 둔다, 아침에 처음으로 만나면 인사를 한다, 거친 말을 쓰지 않는다, 단정한 옷차림을 한다 같은 것들입니다.

물론 태도에 대한 규칙은 가정마다 달라도 좋습니다. 신발 정리는 별로 중요하지 않지만 말씨만은 바르게 쓰게 하고 싶다 등 가정마다 어디에 중점을 두는지 차이가 있기 때문입니다.

태도에 대한 규칙을 몇 가지 정해 두면 성적 면에서 주의할 필요는 없고, 자녀와의 소통을 소중히 여기며, 즐거운 어린 시절을 보내게 할 수 있습니다.

다른 아이와 비교하지 않는다

아이의 좋은 점을 얼마나 말할 수 있나요?

부모님에게 "아이의 좋은 점을 보면 칭찬해 주세요"라고 하면 많은 부모님이 "그게 제일 어렵다"고 고백합니다.

단점을 고치는 데 관심이 있는 사람과 장점을 살리는 데 관심이 있는 사람의 차이는 있지만, 일반적으로 부모님은 아무래도 아이의 장점보다 단점에 민감해지기 쉽습니다.

선생님과 부모님이 면담할 때 선생님이 다른 이야기를 많이 해도 부모님의 머리에는 선생님에게 들은 아이의 단점만 남을 때가 많습니다.

초등학생 때는 아이와 긴 시간 접하는 사람이 부모님이므로 가능하면 아이의 좋은 면을 보고 양육하는 것이 중요합니다.

학교와 학원 선생님에게도 가장 중요한 자질은 지식보다 성품입니다. 특히 글쓰기를 가르치는 선생님은 아이의 장점을 발견하고 살려 주는 밝은 성품이 무엇보다도 중요합니다. 글쓰기는 심리 상태에 좌우되기 쉬운 분야로, 아이는 좋은 점을 칭찬받으며 발전하기 때문입니다.

칭찬하는 것과, 좋은 점을 발견하는 것과, 상대를 수용하는 것은 어려운 일이 아닙니다. 결심만 하면 됩니다. 결심하지 않기 때문에 어렵습니다.

특히 아이가 잠들기 직전에는 그때까지 무슨 일이 있었다고 해도 새롭게 마음먹고 밝고 다정한 말을 아이에게 건넵니다. 밝고 다정한 한마디가 아이의 성장을 촉진하고 두뇌를 활성화합니다.

밝은 마음을 가지는 건 평소의 연습으로도 가능합니다. 언제나 '고맙다, 감사하다' 같은 말을 소리 내어 말해 봅니다.

고맙지도 감사하지도 않을 때라도 억지로 이 말을 반복하면 어느 사이에 마음이 밝아집니다. 나는 이것을 '억지가 통하면 도리(道理)가 물러선다(無理が通れば道理が引っ込む, 원래 의미는 '이치에 맞지 않는 일이 성행하면 도리에 맞는 일이 행해지지 않는다'는 의미지만, 여기서는 고맙거나 감사한 상황이 아니어도 이 말을 반복하다 보면 마음

이 밝아지니, 이론적으로는 도리에 맞지 않는 일이지만 실제로는 그러하다는 의미로 쓰임-옮긴이)'라고 말합니다. 원래 의미와는 상당히 다르지만요.

밝게 칭찬하는 말도 무리인 줄 알면서도 하다 보면, 그것이 바른 도리가 되어 갑니다.

특히 형제자매와 비교하지 않는다

부모님은 흔히 아이를 독려할 생각으로 다른 아이와 비교할 때가 있습니다.

"네 친구 ○○는 글짓기를 잘하더구나."
"언니가 네 나이 때는 책을 더 많이 읽었어."

비교당한 후 '좋아, 힘을 내야지'라고 생각하는 아이는 없습니다. 비교를 당한 아이는 비교가 없는 세계에서 살아가려고 합니다. 예를 들면 독서로 형제자매와 비교당한 아이는 점점 책에서 멀어지고, 책과는 다른 음악의 세계나 스포츠의 세계, 놀이의 세계나 인간관계의 세계에서 열심히 하려고 생각합니다.

그러나 독서는 어떤 세계로 나아간다 하더라도 지성의 토대를 위해 필요하므로 독서만은 형제자매 모두가 잘할 수 있게 해야 합니다. 그러려면 아이들이 좋아하는 분야별 차이를 살려서, 분야는 다르지만 우린 모두 독서를 좋아한다는 생각을 하도록 이끌어 주면 좋습니다.

비교가 의욕을 떨어뜨린다는 것을 직접 경험한 적이 있습니다. 저보다 네 살 많은 형은 모든 운동에 뛰어나서, 야구를 할 때는 언제나 4번 투수를 하곤 했습니다. 형에 비해 운동 신경이 둔하다는 말을 듣던 나는 일찌감치 운동은 그만두고 두 살 위 누나의 친구들과 소꿉놀이를 하며 어린 시절을 보냈습니다.

그러나 나중에 형에게 얘기를 들으니 형은 운동을 잘하기 위해 형 나름대로 많은 연구와 노력을 했다고 합니다. 단순하게 선천적으로 운동 신경이 좋은 것만은 결코 아니었습니다. 또 나도 성장하면서 보니 그다지 운동을 못 하는 건 아니었습니다.

결국 비교당하면서 싫다는 생각을 가졌던 것이 실제 이상으로 싫은 감정을 확대하고 있었습니다. 이런 경험은 누구에게나 있을 것입니다.

타인과의 비교는 칭찬이라도 그다지 좋지 않습니다. 아이가 다른 사람을 볼 때 역시 비교의 눈으로 보게 되기 때문입니다. 성적이 좋은 아이를 중요히 여기고 좋지 않은 아이를 경시하는 태도를 가지면 그 아이의 문화력(文化力)은 오히려 떨어져 갑니다.

크게 성장하는 데 필요한 예의범절

거짓말을 할 때는 엄하게!

어린 시절에 가르쳐야 할 예의범절 중에서 최우선은 정직하게 살아가는 것입니다. 아이는 특별한 악의는 없지만, 결과적으로 거짓말을 할 때가 있습니다. 아이이기 때문에 사소한 거짓말일 때가 많고 특별히 남에게 해를 끼치지도 않습니다. 그러나 거짓말을 해서는 안 되며 정직해야 한다는 원칙을 분명히 가르쳐야 합니다. 여기에서 중요한 것이 아빠의 역할입니다.

일반적으로 엄마는 아이의 감정을 짐작할 수 있기 때문에 원칙보다도 아이의 마음을 생각해서 규칙을 위반해도 못 본 척할 때가 있습니다. 반대로 아빠는 원칙을 지키는 데 민감해서 사소한 일이라도 규칙을 위반하면 엄하게 혼내는 경향이 있습니다.

자녀 양육의 핵심은 칭찬으로 키우는 것이지만, 규칙을 어겼을 경우 엄격하게 혼낸다는 원칙 또한 필요합니다. 이때다 싶을 때는 아빠가 단호하게 꾸중합니다. 그때 엄마는 '그만하세요, 애가 가엾잖아요' 같은 말은 하지 말아야 합니다. 대신 나중에 따뜻한 말로 아이를 어루만져 줍니다.

현재는 남녀평등의 인식 아래 여성도 남성과 대등하게 활약하는 시대입니다. 대등한 관계의 '친구 같은 부부'도 많습니다. 남녀에게 차이가 있거나 어느 한쪽이 더 우월한 건 물론 아닙니다. 다만 가정에서는 강한 아빠라는 일면도 중요합니다. 필요에 따라 그런 아빠의 모습을 만들어 내는 것도 엄마의 현명함이며 지혜가 아닐까 생각합니다.

상스러운 말을 쓰지 않는다

거짓말을 하지 않는 것과 함께 '상스러운 말을 쓰지 않는다'는 것도 중요한 예의범절입니다.

우리 집 아이가 어릴 때 '열 받아'라는 말이 유행한 적이 있습니다. 또 어르신을 가볍게 지칭하는 '할방구'나 '할망구' 같은 말도 텔레비전에 자주 나왔습니다.

집에서는 이런 말을 절대로 사용하지 않기로 정해 놓았습니다. 아이들에게는 자주 농담으로 "알았지? '열 받아' 같은 열 받는 말을 쓰면 혼내줄 거야" 하고 말했습니다. 그러자 "지금 아빠가 말하고 있잖아요"라는 말을 들었지만요.

말이나 태도는 아주 사소하더라도 그 자리에서 주의를 주는 것이 중요합니다. 공부에 대해서라면 칭찬을 중심으로 하면 되지만, 태도나 말투에 대한 건 사소하더라도 바로바로 주의를 시킬 필요가 있습니다. 그러기 위해서는 부모님이 먼저 상스러운 말을 쓰지 않는 것이 중요하지요.

심부름으로 정리하는 힘을 기른다

예의범절로 아이에게 가르치고 싶은 건 '정리정돈'입니다. 현대인은 대량의 정보에 둘러싸여 살아갑니다. 정보의 바다에서 자기 주변을 정리하고, 필요할 때 바로 대처하는 힘은 사회생활을 하는 데 점점 중요해집니다.

이런 정리정돈의 힘도 어린 시절의 습관이 크게 영향을 미칩니다. 정리정돈하는 힘을 기르기 위해서는 아이에게 공부뿐만 아니라 매일 조금 부담이 되는 집안일을 시키면 좋습니다. 이

것도 초등학교 3학년까지라면 습관을 들이기 쉽습니다.

우리 아버지는 약 100년 전에 태어났는데 어릴 때 매일 집 기둥을 닦는 일을 했다고 합니다. 오래된 옛날 집이어서 굵은 기둥이 있었는데 그 기둥이 반짝반짝 윤이 나서 얼굴이 비칠 때까지 닦아야 했다고 합니다.

현대의 주택은 밀폐성이 높고 비교적 오염에 강한 구조지만 그래도 매일 심부름으로 집안일을 하기에는 청소가 제일 좋습니다. 그것도 청소기나 대걸레로 손쉽게 하는 것이 아니라 손걸레로 깨끗하게 닦는 청소법이 좋겠지요.

가정에서 배우는 '인생론'

자녀의 성격에 따라 적절한 충고를 한다

부모님은 아이가 바르게 자라서 장래에 행복하고 성공한 인생을 살아가기를 바랍니다. 그러나 성공한 후에 어떻게 살아갈지도 미리 가르쳐 둘 필요가 있습니다.

책임 있는 위치에 섰을 때 중요한 건 자신의 이익보다 전체의 이익을 우선하는 자세입니다. 그때까지는 악착같이 자신을 위해서 사는 것도 필요하고, 세상에서 성공하는 것을 목표로 삼아도 좋지만 그것이 최종 목적지는 아닙니다.

또 성공뿐만 아니라 절체절명의 위기 앞에 섰을 때도 그렇습니다. 그때도 중요한 건 자신의 이익보다 전체의 이익을 우선

하는 자세입니다.

만화의 세계에서는 위기 때마다 때맞춰서 호빵맨 같은 영웅이 구하러 오는 일도 많지만, 현실 세계에서는 어느 한쪽을 선택하고 뭔가를 버리는 결단을 해야 할 때도 반드시 생깁니다. 그럴 때 중대한 일일수록 자신보다 전체를 먼저 생각하는 것이 중요합니다.

우리 집 큰아이는 성격이 지나치게 성실해서 가끔 옛날 만화책 주인공인 직각 군이라는 별명으로 불렸습니다. 만화 속의 직각 군은 길모퉁이를 돌 때도 직각으로 구부러집니다. 검도를 하는데 그 기술도 직각 베기입니다.

그 올곧은 큰아이가 대학에 진학할 때, 일러둔 것은 '아무리 바른말을 하는 조직이라 해도 반대 의견을 말할 자유와 그만둘 자유가 없으면 신뢰하지 말 것'이었습니다. 정당이나 종교 단체의 권유에 대해 예방해 둘 필요가 있다고 생각해서였습니다. 다행히 그런 걱정은 기우였지만요.

또 둘째는 대인관계가 좋아서 차별을 두지 않고 모두와 교류하는 성격이었습니다. 그래서 둘째가 중학생 때 일러둔 것은 '설령 친구들이 다 같이 하자는 일이더라도 스스로 나쁜 일이라는 생각이 들면 혼자만이라도 절대로 하지 말 것'이었습니다. 다행히 이 걱정도 기우였습니다만.

부모님의 실패담을 들려준다

아이의 성격에 따라 미리 주의를 시키는 건 부모님이 아니라면 좀처럼 하기 어려운 일입니다. 아이는 부모님의 생활 방식을 비슷하게 따라가는 경우가 많습니다. 부모님의 모습을 보고 있으면 자연히 그렇게 됩니다. 또 반대로 부모님의 생활 방식과 정반대로 행동하려는 면도 있습니다. 어느 쪽이든 부모님의 영향은 지대합니다.

그러므로 부모님이 경험한 인생의 실패담을 들려주는 것도 중요합니다. 자신과 친밀한 부모님의 경험담은 성공담이든 실패담이든 아이의 마음에 남습니다.

언어의 숲 글쓰기 교실에서는 가족들의 이런 비슷한 이야기를 취재하여 실제 사례를 폭넓게 써 보고 있습니다. 여기에서 감동적인 이야기가 자주 등장합니다. 부모님에게 들은 이야기는 그때뿐만 아니라 늘 아이의 기억에 남아 있으며, 언젠가 아이가 선택의 갈림길에서 방황할 때 불현듯 떠오릅니다.

특히 부모님이 어릴 때 경험한 실패담은 자신에게도 실감이 나는 이야기이기 때문에 "그래서 어떻게 됐어?" 하고 눈을 반짝이며 듣습니다.

'부모는 부모답게 근사한 모습을 보여 줘야 해'라고 생각할 수 있지만 실패담도 담담하게 이야기해 보세요.

속담을 통해 삶의 방식을 전한다

우리 부모님은 자주 "하늘과 땅이, 그리고 나와 네가 알고 있다"라는 말을 했습니다. 아무도 모를 것 같지만, 하늘도 알고 땅도 알고 무엇보다도 자기 자신이 알고 있다는 의미입니다. 어릴 때부터 여러 번 듣다 보면 그것이 자연히 타고난 성격처럼 내면에 자리합니다.

이런 말은 지식이나 이론으로 가르친다고 해서 그 사람의 몸에 배지는 않습니다. 어릴 때부터 여러 번 반복해서 들음으로써 자연히 몸에 배는 것입니다.

미덕이 있는 삶 같은 미묘한 것은 학교 수업으로는 가르칠 수 없습니다. 가르쳐서 맞고 틀리고를 평가하는 성질이 아니기 때문입니다.

지식으로 도덕을 가르치면 누구나 정답을 말할 수 있습니다. 그러나 정답을 말할 수는 있어도 그 답이 반드시 자신의 것이 되는 건 아닙니다. 점수를 매길 수 있는 세계의 반대에 있는 것이 문화의 세계입니다. 이 문화의 세계를 형체가 있게 전하는 것이 속담입니다.

어릴 때부터 자주 들어온 속담이 있으면 그 속담이 자기 삶의 방식으로 몸에 스며듭니다. 국민성의 차이라는 것도 이런 속담 문화의 차이에서 생겨나는지도 모릅니다.

그러므로 자녀가 어릴 때는 부모님이 무슨 말을 할 때 속담을 잘 녹여서 말하면 좋습니다. 물론 그 속담은 좋은 인간성을 중심으로 합니다. 그러니 '거짓말도 잘만 하면 논 닷 마지기보다 낫다'라든가 '믿는 도끼에 발등 찍힌다', '눈 감으면 코 베어 간다' 같은 것이라면 곤란하겠지요.

가족끼리 부대끼며 많은 것을 배운다

서로 다른 문화의 가정과 교류하기

어느 가정이든 잘하는 분야와 자신 없는 분야가 있습니다. 거친 야외 생활을 즐겨 하는 가정과 문화적인 역사 순례를 즐겨 하는 가정이, 아이를 통해서 서로 교류하면 새로운 발견이 생겨납니다.

초등학교 중학년 시기까지는 이런 가정 간의 교류를 하기가 쉽습니다. 특히 가장 교류하기 쉬운 시기가 유아기입니다. 유아기 때부터 가깝게 교류하다가 아이가 초등학교에 들어간 후에도 계속 이어가면 자연스럽게 오래 교류할 수 있습니다.

아이에게 다양한 경험의 기회를 주고 싶어도 부모님은 우선 자신이 경험한 적이 없는 일은 생각해 내지 못합니다. 그래서 다른 가정과의 교류를 통해 비로소 알게 되는 일도 있습니다.

다른 가정과 교류한다고 해도 처음부터 끝까지 함께 행동하는 것은 아닙니다. 미리 합류할 장소를 정해 놓고 어떤 이벤트를 함께 즐기고 난 후 각자의 가정으로 나뉘어 자유롭게 행동하기로 하면 마음의 부담이 줄어듭니다.

이런 교류에 도움이 되는 건 역시 소셜 네트워크입니다. 각 가정이 자신 있는 분야에서 놀이 계획을 세우면 그 주제에 관심이 있는 가정이 참여하는 형태입니다. 가정 간의 교류 속에서 어른들의 대화를 듣는 것도 아이에게는 사회 공부가 됩니다.

이웃집에서 자 보는 건 귀중한 경험

가정 간의 교류를 한 단계 발전시켜서 아이만 서로의 집에서 자 보는 경험을 하게 할 수도 있습니다.

남의 집에서 재우기 위해서는 먼저 예의범절을 가르쳐야 합니다. 평상시에 특별히 주의를 시키지 않던 일도 다시 얘기할 좋은 기회가 됩니다.

아이 자신도 남의 집에서 잘 때는 나름대로 점잖아집니다.

이런 경험을 통해 학교생활만으로는 배울 수 없는 사회생활의 규칙을 익히게 됩니다.

멀리 여행을 다녀오고 나면 아이가 한결 성장하는 일이 많습니다. 새로운 경험을 하는 건 그 자체로 훌륭한 교육입니다.

또 아이를 재워 주는 가정에서도 다른 집 아이가 오면 각 가정의 문화 차이를 알게 할 기회가 늘어납니다. 그리고 서로의 좋은 문화를 흡수해 갑니다.

예를 들면 물건을 깔끔하게 정리하는 아이, 옷을 벗은 채로 내버려 두는 아이, 밝게 인사를 잘하는 아이, 남에게 쉽게 의지하는 아이 등 저마다 생활 습관이 다릅니다.

어떤 일이든 말로 이해하는 것보다 실제로 경험하는 것이 제일 참고가 됩니다. 자기 집에서 자신의 아이만 보고 있었다면 알지 못하는 일도 있습니다. 다른 집 아이와 함께 생활해 보고 비로소 알게 되는 일도 많습니다.

자녀 양육의 변화가 필요하다

앞으로 교육은 크게 변화해 갑니다. 자녀 양육도 그 큰 변화를 지켜보면서 해나갈 필요가 있습니다. 그 변화는 크게 네 가지로 나눌 수 있습니다.

첫째는 입시 교육에서 실력 교육으로 변화하는 흐름입니다. 수험 공부처럼 합격과 불합격의 차이 두기를 위한 시험을 위해 주입식 공부를 하는 것이 아니라, 앞으로는 자신과 사회를 위해서 도움이 되는 지식을 익히고 진정한 실력을 기르기 위해 공부하게 됩니다.

둘째는 학교 교육에서 가정과 지역 교육으로 변화하는 흐름입니다. 학교의 획일 교육이 효과적이었던 것은 교실과 교재, 교사가 한정되어 있고, 더욱이 공업 시대에 대응하기 위해 전

국민에게 일률적인 교육이 필요했기 때문입니다.

그러나 지금은 인터넷 환경을 이용하여 아이의 개인차에 따른 맞춤 교육을 할 수 있게 되었습니다. 가정이 교육의 중심이 되고 학교는 교육의 장(場)임과 동시에 아이들에게 교류의 장으로서 역할을 다하는 관계로 변화해 갑니다.

셋째는 점수의 교육에서 문화의 교육으로 변화하는 흐름입니다. 평가하거나 점수를 매기는 교육보다도 그런 점수가 붙지 않는, 그 사람의 인간성과 문화성을 중요하게 여기는 시대로 변화합니다.

넷째는 경쟁 교육에서 창조의 교육으로 변화하는 흐름입니다. 지금까지는 정해진 목표를 향해서 경쟁하고 그 경쟁에서 이기는 것이 곧 성공이었습니다. 그러나 앞으로 경쟁 분야는 점차 축소되고 그것을 대신하여 저마다 자신의 개성을 살려서 새로운 창조를 목표로 하는 사회로 바뀝니다.

이러한 실력, 가정, 문화, 창조라고 하는 앞으로의 커다란 흐름을 내다보며 아이 교육을 종합적으로 생각해 나가야 합니다. 이를 위한 방법의 하나로, 소셜 네트워크 등을 이용하여 다양한 사람의 실제 사례나 생각 접하기가 있습니다.

저출산으로 인해 가정마다 자녀가 하나 혹은 둘인 경우가 대다수입니다. 자칫 단조로워지기 쉬운 육아 환경에서 네트워크상에서 같은 문제의식을 공유하는 사람들과 교류함으로써 아이에게 균형 잡힌 다양성을 제공할 수 있습니다.

초3 성적보다 중요한 것이 있습니다

초판 1쇄 인쇄 2021년 2월 8일
초판 1쇄 발행 2021년 2월 19일

지은이 나카네 가쓰아키
옮긴이 최미혜
펴낸이 이범상
펴낸곳 (주)비전비엔피 · 애플북스

기획편집 이경원 현민경 차재호 김승희 김연희 고연경 황서연 김태은 박승연 남은영
디자인 최원영 이상재 한우리
마케팅 이성호 최은석 전상미
전자책 김성화 김희정 이병준
관리 이다정

주소 우)04034 서울시 마포구 잔다리로7길 12 (서교동)
전화 02)338-2411 | **팩스** 02)338-2413
홈페이지 www.visionbp.co.kr
인스타그램 www.instagram.com/visioncorea
포스트 post.naver.com/visioncorea
이메일 visioncorea@naver.com
원고투고 editor@visionbp.co.kr

등록번호 제313-2007-000012호

ISBN 979-11-90147-55-2 13590